ETZOLD

DER KÄFER III

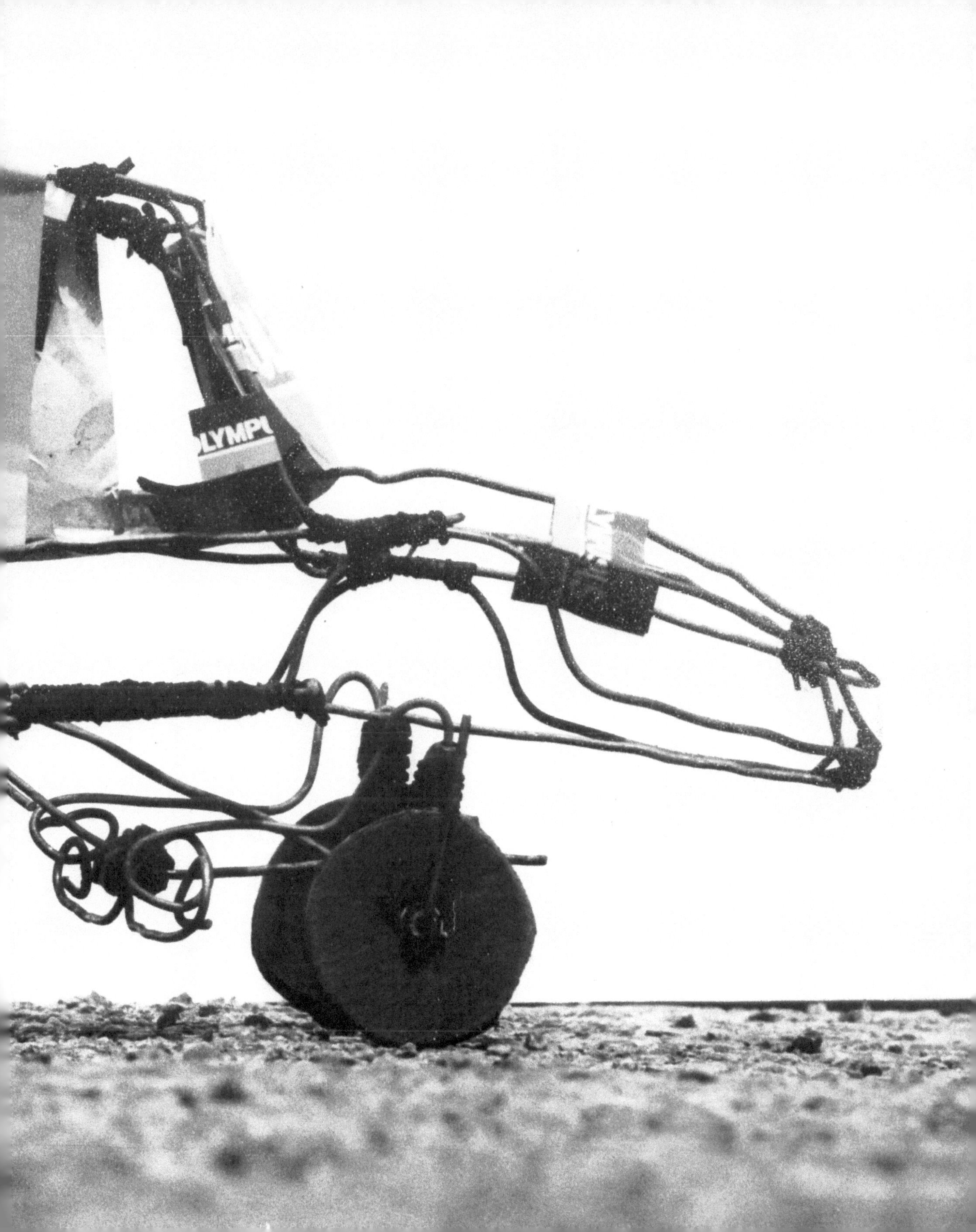
OLYMPU

Die Vielfalt des Käfers

ETZOLD

DER KÄFER

EINE DOKUMENTATION III

VERLAG ALFRED BUCHELI ZUG
MOTORBUCH VERLAG STUTTGART

Bilder: Archiv Etzold.

ISBN 978-3-613-04088-5

1. Auflage 2018. Nachdruck der 3. Auflage 1989.
Mitarbeit: C.Etzold.

Satz: Vaihinger Satz+Druck, Dr. Wimmershof GmbH+Co., 7143 Vaihingen/Enz.
Druck: siehe letzte Seite

Inhalt

Vorwort

Es gibt rund 30 Bücher auf der Welt, die sich inhaltlich mit dem VW Käfer auseinandersetzen. Erstaunlicherweise sind die meisten Käfer- oder Volkswagen-Bücher im Ausland erschienen. Mit der jetzt in drei Bänden vorliegenden »Käfer-Dokumentation« ist es erstmals gelungen, die einzelnen Themenbereiche über den Käfer so breit anzulegen, daß kaum noch eine Frage offen bleibt.

Sogenannte »Experten« waren anfangs skeptisch, ob überhaupt ein Interesse an einer ausführlichen Käfer-Darstellung bestehen würde. Die verkauften Auflagen der beiden ersten Käfer-Bände haben die Richtigkeit der Entscheidung bestätigt: Wer sich für den Käfer interessiert, wünscht eine ausführliche, lückenlose Berichterstattung.

In dem vorliegenden Band III wird die große Vielfalt des Käfers dargestellt. Schließlich war der Käfer Hauptdarsteller in mehreren Filmen. Er ist als Rennwagen im Formel-V-Look oder als Rallye-Ungetüm über die Pisten der Welt gejagt. Legionen von Tunern haben immer wieder mit unterschiedlichem Erfolg versucht, dem Käfer-Motor mehr PS einzuverleiben. Er diente zudem Generationen als Fahrschulwagen und als preiswertes Einstiegsauto. Und schließlich war er Deutschlands bester Verkaufs- und Exportschlager.

Man hat den Käfer auf einer Briefmarke verewigt, in Silber gegossen und als Radiergummi mißbraucht. Er diente in stillen Stunden als Kerze und hing Weihnachten als Kugel am Baum. In Japan, Taiwan und in den USA wird er nach wie vor für alle Lebenslagen produziert: Als Wandschmuck, Uhr, Lampe, Spardose, Schmuckstück und sogar als Toilettenpapierhalter.

Die Anzahl der unterschiedlichsten Käfer-Spielzeug-Modelle ist nicht mehr überschaubar. Es gibt sie in Blech, gegossen, aus Gummi oder Plastik. Alte Stücke aus den vierziger Jahren erzielen Preise zwischen 300 und 800 Mark.

Ob es darum ging, möglichst preiswert im Motorsport einzusteigen oder seinen Traum von einer selbstgezimmerten Karosserie in die Tat umzusetzen: Die Käfer-Plattform diente als Problemlöser.

Auch in der Werbung, als Kunst-Stück oder im Verkauf – der Käfer hat immer eine dominierende Rolle gespielt.

Eigentlich sollte der vorliegende Käfer-Band der letzte sein. Das Material über den Käfer ist aber so umfangreich, daß es noch einen weiteren Band geben wird. In Band IV beschäftigt sich die Käfer-Dokumentation mit dem Käfer im Ausland. Es werden also alle Produktionsstellen des Käfers vorgestellt sowie die im Ausland produzierten Modelle einschließlich der Modelländerungen. Außerdem ist ein ausführlicher Bericht über die lustigsten Käfer-Aufbauten, die Buggies, enthalten und schließlich sollen all jene Hersteller vorgestellt werden, die professionell Karosserien aus Blech oder Kunststoff für die Käfer-Plattform hergestellt haben. Allein in Deutschland dürften es rund 30 Hersteller gewesen sein; in Europa über 100 und in der ganzen Welt an die 500. Ihre zum Teil recht ansprechenden Karosserien, die meistens nur in kleinen Stückzahlen gefertigt wurden, gilt es für die Nachwelt festzuhalten.

Hans-Rüdiger Etzold

Ein Käfer nach individuellem Geschmack

Die große Anzahl von Käfern in aller Welt sorgte geradezu zwangsläufig dafür, daß sich immer mehr Menschen ihren ganz persönlichen Volkswagen herrichteten. Sie veränderten dabei nicht nur das Interieur, sondern schufen ganz neue, individuelle Konstruktionen.

Auf den folgenden Seiten sollen all jene Käfer gezeigt werden, die nicht von professionellen Autobauern für die Serie konstruiert wurden, sondern von Menschen, die aus reiner Freude am Gestalten ihre individuellen Formideen nicht nur zu Papier, sondern auch in die Tat umgesetzt haben.

Die Voraussetzungen, seine eigene Konstruktion mit Hilfe der Käfer-Technik umzusetzen, war und ist noch immer besonders günstig, denn der Käfer zählt zu den ganz wenigen Personenwagen, bei dem sich die Karosserie nach dem Lösen einiger Schrauben von dem Plattformrahmen abheben läßt. Nachdem man die Karosserie abgenommen hat, steht ein fahrfertiges Chassis zur Verfügung, über das problemlos eine andere Karosserie gestülpt werden kann.

Mit dem Aufkommen des Kunststoffzeitalters Ende der sechziger Jahre war es verhältnismäßig einfach, seine Formvorstellungen in die Tat umzusetzen. Erforderlich waren nur eine Grundform, Glasfasermatten und Kunstharz. Derartige Materialien standen natürlich in den frühen fünfziger Jahren noch nicht zur Verfügung, weshalb die ersten Käfer-Sonderkarosserien noch aus Blech getrieben werden mußten.

Es ist erstaunlich, mit welchem Einfallsreichtum die Menschen dem Käfer dabei zu Leibe rückten. Mal war es ein Schmied, der ein luftiges Blumen-Stahlgeflecht zur Käfer-Karosserie umformte, oder ein Holznarr, der mit groben Holzplanken seinen ganz persönlichen Käfer schuf. Oder die

Die Kühllufteinlaßschlitze in der vorderen Haube lassen manchen Betrachter zweifeln. Dennoch: Es handelt sich eindeutig um eine sauber geformte Karosserie auf Käfer-Fahrgestell. Wer diesen auffälligen Zweisitzer mit einem Hauch von BMW Coupé karossiert hat, ist nicht bekannt.

Dieser markante Zweisitzer läßt keinen Zweifel darüber aufkommen, daß sein Fahrgestell vom Käfer abstammt. Die ausladenden Kotflügel, die gestreckte Fronthaube und die kleine Frontscheibe vermittelten dem Besitzer das Gefühl, einen der sportlichsten Käfer zu fahren.

Hobby-Konstrukteure stellten sich zur Aufgabe, den längsten, schmalsten, kürzesten oder breitesten Käfer zu konstruieren. Immer wieder trieb der Käfer die Fans zu neuen Formen oder Höchstleistungen an. Neben der Schaffung völlig neuer Karosserien für den Käfer, war er auch oft Ausgangsbasis für praktische Arbeitsgeräte. Besonders beliebt war es, den Käfer aufgrund seiner guten Traktion zum Schneeräumer umzubauen.
Es gab ihn auf Kufen, mit Ketten und auf Raupen. Natürlich fuhr er auch auf Schienen oder aber man nahm nur das Dach beziehungsweise die Kabine und formte daraus Neues. Zu den beliebtesten Karosserie-Veränderungen zählte es auch, dem Käfer eine neue Fronthaube zu verpassen – möglichst natürlich von einem entsprechenden Repräsentationswagen – wie dem Rolls Royce oder einem Mercedes. Da man in Amerika nicht die strengen TÜV-Vorschriften kennt wie bei uns, ist es verständlich, daß die meisten eigenwilligen Konstruktionen aus Übersee stammen.
In Amerika waren auch die meisten Firmen angesiedelt, die professionell Kunststoff-Karosserien für das Käfer-Fahrgestell herstellten. Genutzt werden können allerdings nur die Käfer-Fahrgestelle bis zum VW 1302. Denn dieses Modell wie auch der VW 1303 ist ja mit einer Federbein-Vorderachse ausgerüstet. Die Federbeine müssen wiederum vorn an der Stahl-Karosserie abgestützt werden, so daß eine Kunststoff-Karosserie nicht verwendbar ist.
Alle Modelle, die in Übersee, Deutschland und in Europa serienmäßig hergestellt wurden oder werden, sollen in Band IV der Käfer-Dokumentation veröffentlicht werden. Hier die schönsten Käfer-Einzelstücke.

Wie ein Schnellboot auf Rädern sieht der dunkle, offene Zweisitzer aus, der in den frühen fünfziger Jahren in Düsseldorf das Licht der Welt erblickte. Kein Wunder, denn der damals recht bekannte Rennboot-Bauer Dolfosse hat dem Auto auf Käfer-Basis seine Form gegeben.

Als richtigen Rennwagen kann man dagegen schon den Monoposto von Petermax Müller mit der Startnummer 41 bezeichnen. Petermax Müller war einer der ersten, der mit einem umgebauten Käfer 1947 Rennen bestritt.

Dazu zählte auch Kurt Kuhnke aus Braunschweig, der mit seinem eher häßlichen Rennwagen etliche Rennen gewinnen konnte.

Auch wenn man sich mit seinem Eigenbau formal völlig vom Käfer entfernte, so ließ man seine Umwelt nicht darüber im unklaren, daß die Konstruktion auf solider Käfer-Technik aufbaute. Albrecht Lauenau steuerte seinen Eigenbau mit dem VW-Zeichen über viele Jahre auf den Straßen Europas.

Nimm zwei, mach einen. Diese Formel hat sich ein Rennwagenfahrer kurz nach dem Krieg zu eigen gemacht, um auf diese Art zu einem eigenen Fahrzeug zu kommen. Er kombinierte einfach die guten Teile eines alten Wehrmachtskübels mit der noch brauchbaren Frontpartie des Käfers. Dem Rennfahrer diente das ungewöhnliche Cabrio als Transportfahrzeug. Für die auffälligen Käfer-Radkappen aus dem Jahr 49 würden Sammler heute ein erkleckliches Sümmchen zahlen.

1952 hat der bekannte italienische Auto-Designer Pinin Farina diese Form-Studie auf Käfer-Basis gefertigt. Der Auftrag kam möglicherweise von Porsche. Das Stuttgarter Unternehmen entwickelte zu jener Zeit verschiedene Käfer-Nachfolger für das Volkswagenwerk.

Auch der italienische Designer Pietro Frua schuf in den sechziger Jahren für das Käfer-Fahrgestell ein neues Kleid.

Erich Windisch aus Vail im US-Bundesstaat Colorado hat in den 80er Jahren seine Vorstellungen von einem schnittigen Coupé auf Käfer-Fahrgestell verwirklicht. Da der Konstrukteur auf Türen verzichtete, muß zum Einstieg die gesamte Frontpartie umgeklappt werden.

Mit diesem eigenwilligen Gefährt ist es einem US-Bürger endlich gelungen, amerikanisches »Way-of-life« mit deutschen Tugenden zu verbinden. Bei dem Any-Car darf natürlich auf der Kühlerhaube der Mercedes-Stern nicht fehlen. Der Any-Car entstand übrigens im Auftrag einer Bank und wurde für Werbezwecke eingesetzt.

Diese Kunststoffkotflügel mit der umgeformten Motorhaube und den integrierten Leuchteneinheiten des VW 411 sollten zwar mal in Serie gehen und in den 70er Jahren 270 Mark ohne Lackierung kosten, doch dürfte es bei diesem Einzelstück von Blum geblieben sein.

In den 60er Jahren formte der Student Peter Hatzmann ein Gipsmodell, um von diesem eine Polyester-Form zu fertigen, die wohl nie ganz fertig wurde. Trotz Eigenbau mußte der Student schon damals rund 2500 Mark für seinen eigenwilligen Sport-Käfer aufbringen.

Als 1973 der Käfer von Franz Kempf durch die Schweiz summte, blieben die Passanten ungläubig stehen und schauten sich um. Der erste Käfer etwa ohne Motor? Nicht ganz. Franz Kempf besorgte sich einen Elektromotor mit 4 PS und installierte ihn im Käfer. Vorn unter die Haube und unter den Rücksitz kamen eine stattliche Anzahl von Batterien, die den Käfer 360 Kilo schwerer machten. Mit dem Energiepaket wurde der Käfer etwa 50 km/h schnell und fuhr 50 km weit.

Ramiro Cortez aus dem sonnigen Mexiko mochte seinen Allerwelts-Käfer nicht mehr. Er fuhr nach Zacatecas, fand dort einen Kunstschmied, der mit kräftigen Hammerschlägen und vielen Metern Rundeisen den luftigsten Käfer aller Zeiten im wahrsten Sinne des Wortes zusammenschmiedete.

John Cheetham, Postbeamter aus Topsham/Maine schnitzte seine Karosserie aus solider Eiche. In die Waschanlage fährt er mit seinem Käfer nicht, stattdessen wird der Aufbau mit Möbelpolitur gepflegt. Gut 50 000 Kilometer hat die fahrbare Eiche schon auf dem Ast. Bleibt zu hoffen, daß Cheethams Karosserie eines Tages nicht von Holzwürmern aufgefressen wird.

Frank Gregorius, Schweißer aus Lake Cachuma, Kalifornien, investierte in den siebziger Jahren rund 850 Mark und die Wochenenden eines ganzen Jahres, um dieses außergewöhnlich persönliche Automobil zu bauen. Das Automobil auf Käfer-Fahrgestell fällt durch seinen klassizistischen Stil, feine Messingbeschläge und durch einen pullmanähnlichen hinteren Verandaraum auf, der es dem Besitzer gestattet, dort zu verweilen oder gar zu nächtigen.

Der erste Käfer-Pick-up entstand noch unter Porsches Regie. Im Laufe der Jahre haben sich die verschiedensten Hersteller und Hobby-Karossiers mit dem Käfer-Umbau zum Pick-up beschäftigt. Dem Besitzer dieses Pick-up ist durch den zusätzlichen Anbau einer edlen Kühlerhaube endlich die Synthese zwischen Lieferwagen und Nobel-Karosserie gelungen.

»Jeder kann sich jetzt den Traum vom eigenen Rollswagen erfüllen. Voraussetzung dafür sind ein VW-Käfer und rund 700 Mark«. Mit diesem und ähnlichen Sprüchen warben in den Anfängen der siebziger Jahre die verschiedensten Hersteller für ihre Kunststoffhauben und Kotflügel, die für die Aufnahme von NSU-Doppelscheinwerfer ausgeformt waren.

In den späten vierziger Jahren hat die Tuning-Firma Oettinger für einen Kunden aus Neu-Isenburg diese formal weniger geglückte Karosserie aufgebaut. Wer der Besitzer dieses Ponton-Käfers war, ließ sich nicht mehr feststellen.

Außen Käfer, innen Formel V. Fuchs, bekannt als Hersteller von Formel V-Wagen, schuf 1970 für einen Amerikaner diesen originellen Käfer, der unter der Haube die komplette Formel-V-Technik hatte.

Wer dieses gefällige Sport-Coupé 1965 auf Käfer-Fahrgestell verwirklichte, ist nicht mehr festzustellen. Wie so oft bei den Hobby-Konstruktionen erhielt auch dieses Coupé Luftschlitze in der Frontpartie, die allerdings nur aus stilistischen Gründen erforderlich waren und vielleicht über den Urvater hinwegtäuschen sollten.

Der Pick-up-Käfer wurde 1943 im VW-Werk auf einem Heeres-Kübelwagen-Fahrgestell aufgebaut. Als Antrieb diente die 24-PS-Maschine. Es gab den Pick-up-Käfer auch mit kleiner Ladefläche und Drehleiter für Reparaturen an Fernsprechleitungen. Der Hänger wurde im Versuchsbau, in der Halle 1, gefertigt. Offiziell hat es dieses Fahrzeug nie gegeben, wenngleich insgesamt 8 Stück davon gefertigt wurden. Das Gespann diente für geheime Dienstfahrten, denn unter einer Plane versteckt, standen nicht selten Prototypen oder Vesuchsfahrzeuge, die zu einem Einsatzort außerhalb des Werkes gefahren wurden. Als der erste Formel-V-Rennwagen im Werk entstand, wurde auch er heimlich auf dem Hänger transportiert, denn Nordhoff durfte von dem Projekt nichts wissen. In den sechziger Jahren wurde der Pick-up-Käfer an eine Wolfsburger Flugsportgruppe verschenkt.

1952 kaufte Dr. Riepenhauser aus Bad Nauheim einen Käfer, den er 1956 von der Firma Stoff nach seinen Vorstellungen umbauen ließ. 1969, der umgebaute Käfer hatte mittlerweile 370 000 Kilometer auf dem Buckel, verkaufte Riepenhauser seinen VW an einen Studenten. Seit 1970 befindet sich der Käfer in England, wo er von Tom Dobson restauriert wird.

ınten: 1960 setzte Heinz Fuchs seine Formvorstellungen
ıiges Sportwagen-Coupé in die Tat um. Die Karosserie
Hand aus Aluminium getrieben und über einen Gitter-
ı gestülpt. Fuchs verzichtete also auf den Plattform-
s Käfers, nicht aber auf die Achsen und den Motor. Das
oé wog 550 Kilo und ist so gut gelungen, daß es auch 25
der Fertigstellung noch in Betrieb ist.

Dank des Käfer-Plattformrahmens ließen sich auch Cabrios problemlos verwirklichen, allerdings waren zusätzliche Plattform-Versteifungen erforderlich, um die Verwindungen während der Fahrt in Grenzen zu halten.
1965 verwirklichte Guido Negro seinen Traum von einem offenen Wagen.

Aufgrund seiner gut belasteten Hinterachse durch Motor und Getriebe wird der Käfer gern in den verschiedensten Variationen als Arbeitsgerät eingesetzt. Besonders beliebt ist er als Schneeräumer. Mitunter nur mit Ketten an den Hinterrädern bestückt oder aufwendigem Fahrwerk und Doppelbereifung kann der Käfer auch größeren Schneemassen zu Leibe rücken.
Der Käfer mit voll hydraulisch kippbarer Ladefläche und hydraulisch zu betätigendem Schneeschild ist das Werk von Josef Schweiger, der in Pollenried bei Regensburg eine Tankstelle betreibt.
Der mit Kufen bestückte Käfer lief zwar auf Eis und Schnee hervorragend geradeaus, doch da die Kufen keine Seitenführungskräfte aufbringen können, ließen sich nur Kurven mit großen Radien bewältigen.

Mit seinen stählernen Rädern kurvt der schienengebundene Käfer in der kanadischen Provinz Ontario im Auftrag der Energiegesellschaft »Ontario Hydro« mit einem Haus am Haken durch die fast menschenleere Gegend. Die Käfer-Besatzung prüft und wartet Stromleitungen und hat in dem mitfahrenden Haus nicht nur eine komplett ausgerüstete Werkstatt, sondern auch noch einen Aufenthaltsraum.

Der Schmalste. Ein eins-in- eins-Käfer, der in Amerika entstanden ist. Die beiden Achsen, die vorderen Kotflügel und die Türen stammen vom Käfer ab, das Mittelstück ist neu geformt worden. Für den nötigen Vortrieb sorgt eine Porsche-Maschine. In dem Käfer haben nur zwei Personen Platz, die hintereinander sitzen müssen.

Der Längste. Die Stadtpolizei im schweizerischen Schaffhausen staunte nicht schlecht, als eines Tages ausgerechnet durch die Fußgängerzone ein 7,20 Meter langer Käfer tuckerte. An Bord waren 21 junge Männer auf dem Weg zur Musterung. In monatelanger Arbeit hatten sie für diesen Tag den Käfer zusammengeschweißt. Der Lang-Käfer hatte weder ein amtliches Kennzeichen, noch eine entsprechende Versicherung für den Personentransport. Zu allem Überfluß konnte der Fahrer nicht mal ohne Helfer schalten, denn der dazu nötige Hebel saß vier Meter hinter ihm. Das Wechseln der Gänge erfolgte nur auf Zuruf. Dennoch hatte die Polizei Verständnis für die einmalige Fahrt des längsten Käfers der Welt. Die Rückreise mußte der Käfer allerdings im Schlepptau eines anderen Fahrzeugs antreten.

Der Komfortabelste. Die Firma Trout Man & Barnes aus Amerika hat diesen luxuriösen Käfer durch das Einfügen eines Mittelteils um ein gutes Stück verlängert. Der Achtsitzer mit vier Türen sorgt bei seinen Ausfahrten für eine gehörige Portion Aufsehen.

Der Fröhlichste. **Dieser offene Käfer wurde im VW-Werk zusammengeschraubt. Er ist noch erhalten und steht im werkseigenen Museum. Der Maxi-Käfer, wie er im Werksjargon heißt, trat in der Fernsehlotterie auf und wurde im Werk immer dann vorgefahren, wenn sich »very important persons« für Werksbesichtigungen angesagt hatten. Durch den im Heck angebrachten Hochsitz mußten die Staatsmänner auch im Käfer auf ihr Statussymbol nicht verzichten: Die Bodyguard.**

Der Ulkigste. **Trotz intensivem Foto-Studiums ist bislang noch nicht geklärt, wo der Motor seinen Platz hat und wo im Viertürer vorne ist. Wetten werden noch entgegengenommen.**

Der Kürzeste. **Durch die Anwesenheit des Fahrers wird bei dieser Käfer-Kreuzung auf Anhieb deutlich, wo es lang geht. Der vorn-in-vorne Käfer trägt im vorderen Rückteil neben dem Motor die gewohnte Pendelhinterachse.**

Der Breiteste. Mit einer Gesamtbreite von 3,20 Meter rollte dieser Super-Breit-Käfer für die Pralinenmarke Rolo durch verschiedene Fernseh-Werbespots. Werbeleute von der Firma Lintas ließen zwei Cabrios zersägen und schweißten beide Teile wieder zusammen. Nach erfolgter Verbreiterungskur paßten sechs Personen auf die vordere Bank des 35 000 Mark teuren Einzelstücks. Für die Operation mußten die linke Cabrio-Hälfte, das rechte Vorderrad und die hintere Seitenwand amputiert werden. Die Hinterachse mit dem 34-PS-starken Motor blieb dagegen unangetastet. Durch diese Konstruktion fährt der Werbe-Käfer auf fünf Rädern. Vorne zwei, hinten drei.

Der Preiswerteste. Dieser Ein-PS-Käfer wurde mit Hilfe eines Schneidbrenners auf die vorgegebene Antriebsleistung reduziert. Selbst die Pendel-Hinterachse mußte einer einfachen, starren Radverbindung weichen. Da aufgrund der Antriebsleistung keine allzu hohen Geschwindigkeiten zu erwarten sind, hatte der TÜV gegen die Schemellenkung keine Einwände.

Der Gemütlichste. Der »größte Sessel der Welt«, auch Pirelli-Stuhl genannt, wurde 1963 erstmals in London der Öffentlichkeit vorgestellt. 1966 wurde der 2,20 Meter hohe Sessel von einer Londoner VW-Vertretung erworben und im Ausstellungsraum in der Brompton Road aufgestellt.

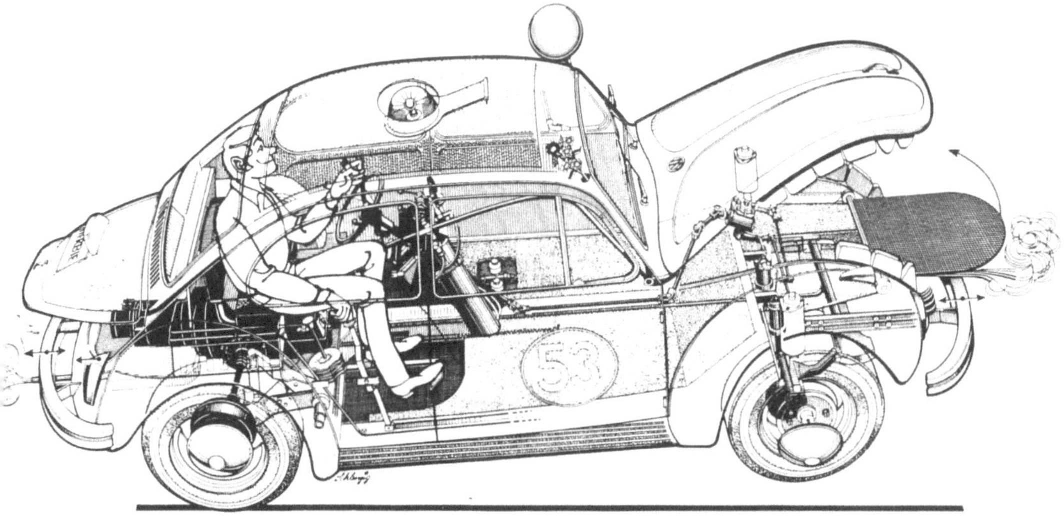

Der Teuerste. 1967 startete in Berlin die Show »Walt Disney on Parade«. Star der Bühnen-Show war ein Super-Käfer, den die Techniker des Wolfsburger Werkes in wochenlanger Tüftelarbeit schufen. Herbie machte auf der Hinterhand kehrt; er riß sein breites Maul (die vordere Haube) auf, streckte die Zunge raus und zeigte schreckliche Kunststoffzähne. Seine Scheinwerfer waren zu Kulleraugen umfunktioniert, mit denen er schielen konnte, und auf magische Weise öffneten oder schlossen sich die Türen, scheinbar ohne daß ein Mensch seine Hände oder Füße mit im Spiel hatte. Herbie fauchte aus allen Rohren, wenn er richtig wütend wurde, er schlug nach vorne und nach hinten mit Hilfe seiner Stoßstangen aus und machte mit seinen Radkappen Blechmusik.
Sein Geheimnis: Im Fond verbarg sich sein Chefpilot hinter Tüllgardinen. Eine Gabelstapler-Hydraulik, eine Kohlensäureflasche und starke Elektromotoren aktivierten die virtuos bediente Armatur, die aus 26 Hebeln und Knöpfen bestand. Herbie war ein Käfer mit wahrhaft menschlicher Physiognomie.

Der Originellste. **Auch wenn dieser amerikanische Jogger seinen Käfer bis zur Unkenntlichkeit verfremdete, wird dem Kenner sofort deutlich: Der sportliche Schuh läuft auf einem Käfer-Fahrwerk.**

Der Aufwendigste. **Mitarbeiter des Hauses Nordstadt in Hannover haben 1973 den wohl aufwendigsten Käfer aufgebaut. Bodengruppe und Bereifung stammen vom VW-Porsche 914, der 2,7-Liter-Motor vom Porsche Carrera. Über die Porsche-VW-Technik wurde die Karosserie des 1303 Käfers gestülpt. Der 210 PS starke Carrera-Motor beflügelt den Käfer auf über 200 km/h. Trotz der recht umfangreich ausgefallenen Umbauten bekam der Nordstadt-Käfer den Segen des TÜV.**

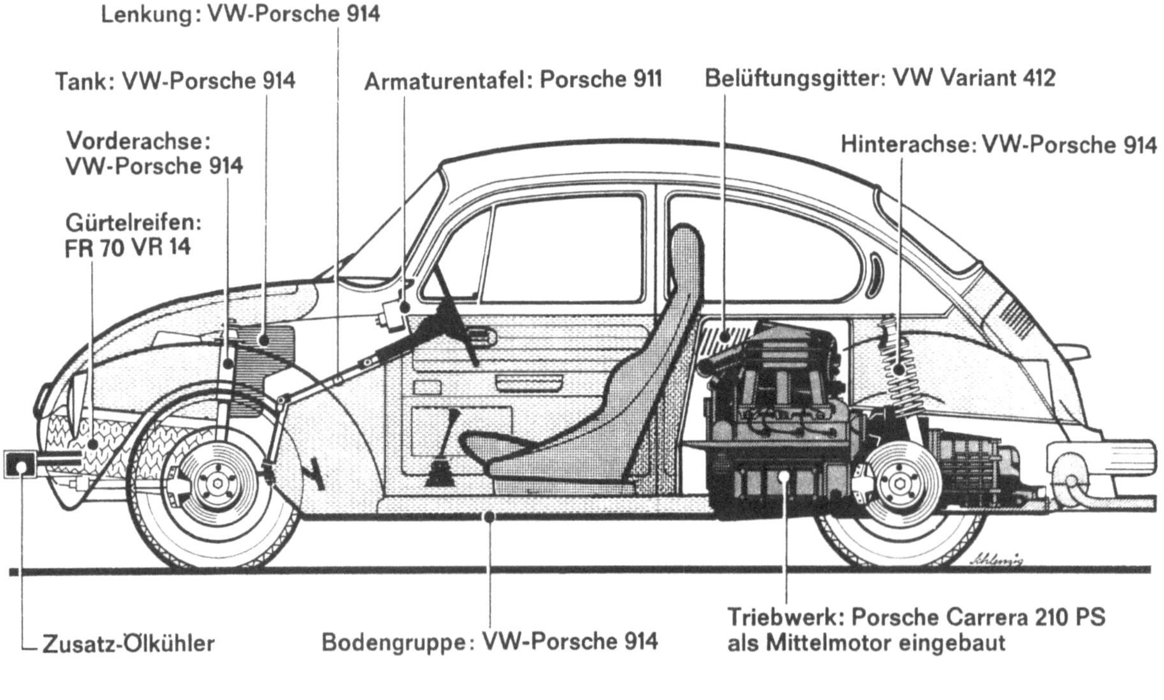

Kunst am und mit dem Käfer

Wenn der Ulmer Künstler Herbert Volz in seinen Garten schaut, fällt sein Blick auf einen vier Meter langen Käfer aus Gips. Der Kunst-Käfer stand auch schon mal mitten in der Stadt, ordnungsgemäß abgestellt an einer Parkuhr.
Künstler Volz nimmt sich normalerweise für die Gestaltung seiner Objekte geometrische Formen vor. Durch Zufall stieß er auf den gegenständlichen Käfer und formte ihn nach seinen Vorstellungen um. Ersten Modellen im Maßstab 1:40 folgten weitere im Maßstab 1:10 und schließlich der vier Meter lange Gips-Käfer. Das besondere an den Volz-Käfern sind die Einschnitte, durch die eine neue Käfer-Struktur geschaffen wurde.
Anläßlich der Ausstellung »Kunst im öffentlichen Raum« hatte der Käfer seinen ersten großen Auftritt. Nach Ablauf der Ausstellung landete der Volkswagen im Vorgarten von Volz. Da siecht er nun dahin, denn Gips hält den Wetterunbilden auf Dauer nicht stand.
Es gibt aber noch einen handlicheren Volz-Käfer, der künstlerisch das gleiche ausdrückt und ewig halten dürfte, da der Ulmer die 40 Zentimeter lange Form in Metall gießen ließ. Dieser Käfer war auf verschiedenen Ausstellungen zu besichtigen, bis das Wolfsburger Museum einen ständigen Parkplatz zur Verfügung stellte. Das Honorar war allerdings nicht so üppig, so daß Volz keinen fahrbereiten Käfer in Wolfsburg für sein Modell eintauschen konnte.
Das Thema Käfer hat immer wieder die verschiedensten Künstler beschäftigt. Entweder, indem verschiedene Teile vom Käfer zu neuen Objekten verarbeitet wurden oder aber indem der Käfer selbst zum Kunstwerk erhoben wurde.
Was sich alles aus Käfer-Teilen herstellen läßt, hat recht eindrucksvoll Andreas Kranz mit seinen Objekten bewiesen. Er hat schon die verschiedensten Möbel- und Gebrauchsgegenstände aus Autoteilen hergestellt. Vornehmlich greift er bei seinen Kunstobjekten auf Käfer-Teile zurück, da ihm diese besonders formschön und ausdrucksstark sind.
Bekannt und unter Sammlern begehrt ist die von Thomas Bayrle 1969 geschaffene Grafik »der Käfer im Käfer«. Bayrle hat tausende von kleinen Käfern zu einer Käfer-Grafik arrangiert und das ganze im Siebdruckverfahren in kleiner Auflage produziert.
Begehrt sind inzwischen die von Georg Fritz in den frühen fünfziger und sechziger Jahren hergestellten Radierungen. Fritz hat mit fotografischer Genauigkeit Szenen aus dem Werksalltag und der Stadt Wolfsburg festgehalten.
Neben bekannten Künstlern hat sich auch eine Unzahl unbekannter Formgeber und Zeichner mit dem Thema »Käfer und Kunst« auseinandergesetzt. Mitunter waren ganze Schulklassen vom Käfer infiziert und versuchten mit ihren Mitteln, den Spaß am Käfer auszudrücken.
Darüber hinaus sieht man den Käfer immer wieder auf Plakaten und in Ausstellungen, wenn es um die Darstellung der fünfziger Jahre geht. Er ist das Sinnbild für eine Epoche wirtschaftlichen Aufschwungs.
Unerwähnt bleiben dürfen auch all jene nicht, die mit viel Liebe und großem Geschick ihre künstlerischen Fähigkeiten recht plakativ auf die Käfer-Haut aufgemalt oder gar dreidimensional dargestellt haben.

VW-Käfer von Thomas Bayrle, 1969 vorgestellt.

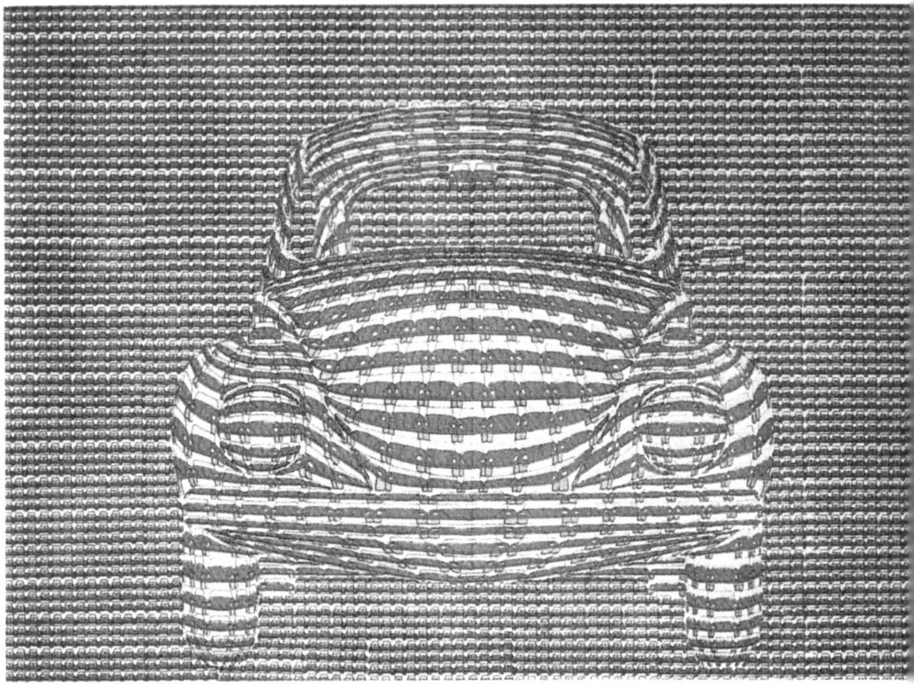

Auf der Ausstellung »Kunst im öffentlichen Raum« in Ulm präsentierte Herbert Volz 1982 seine »VW/ Raumstruktur«.

»aking the Flag« von A. Humbley (1983, England).

1631 amerikanische Kinder beteiligten sich an einem Malwettbewerb. Hier die drei schönsten Käfer-Bilder der noch recht jungen Künstler: Rebecca Laird, 7 Jahre alt; David Laird, 5 Jahre alt; Annemarie Bilotti, 8 Jahre alt.

Diese Darstellung der »Mülheimer Freiheit« soll die Zerstörungswut des Menschen zeigen und nicht etwa, wie der unbedarfte Betrachter meinen könnte, den Käfer diskriminieren.

Werbeplakat für eine Revue der 50er Jahre.

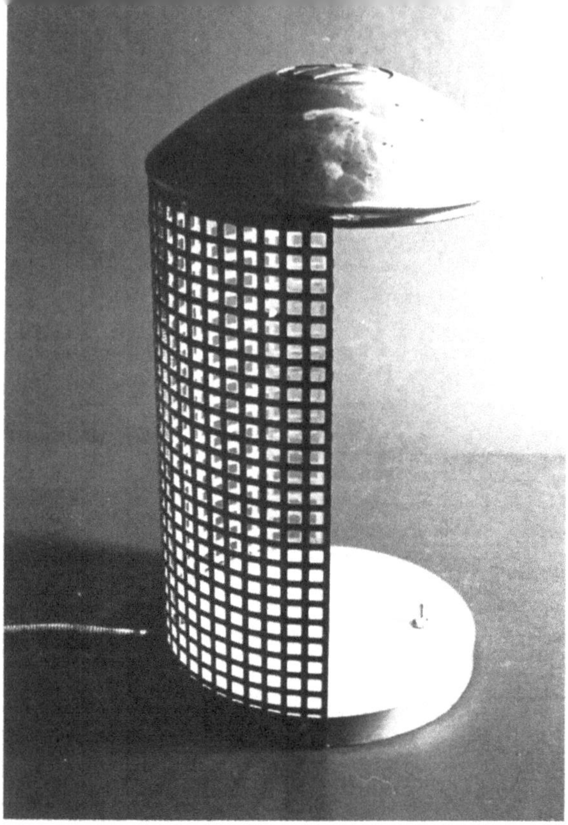

Für seine Gebrauchsobjekte verwendet Andreas Kranz vornehmlich Teile vom Käfer, da sie seiner Meinung nach für seine Gestaltungsabsicht besonders geeignet sind.

Jm auf ein Theaterstück aufmerksam zu machen, estückte ein Schauspieler seinen Käfer mit dicken Bohnen. Das Theaterstück atte den beziehungsrei-hen Namen »Brot, Bohnen nd sonstnochwas«.

ber 2000 Arbeitsstunden at Grafiker Bash Horn ufgewendet, um seinen äfer mit bekannten Per-önlichkeiten zu schmük-en. Vertreten sind auf em Käfer Humphrey ogart, Henry Kissinger, ltpräsident Roosevelt und ric Clapton.

Kitsch oder Kunst? Das ist zweifellos die Frage. Ganz sicher ist indes, daß der Besitzer Freude daran gehabt hat, seinen Käfer in ein Fachwerkhaus zu verwandeln.

Dieser Künstler wollte auch nach außen hin deutlich machen, wer das Steuer in der Partnerschaft in der Hand hält.

Dem Unerschrockenen

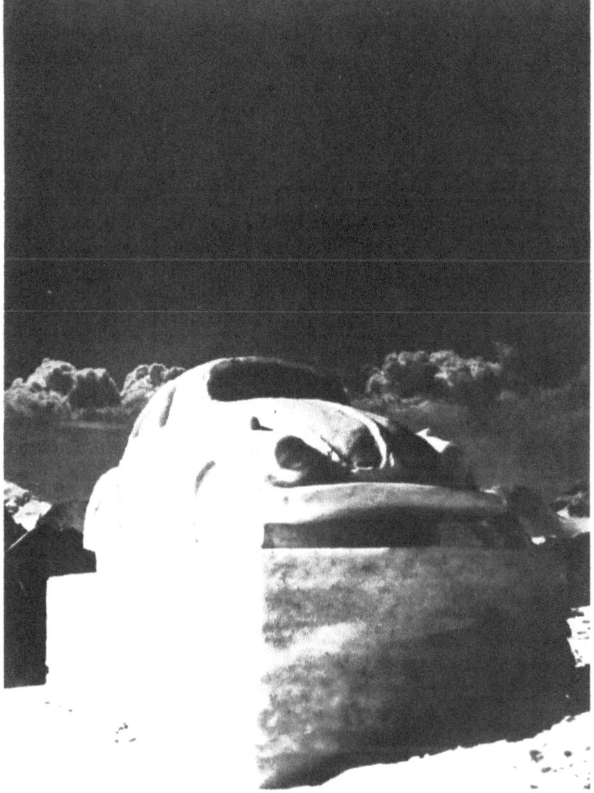

Mit sauberem Strich hat hier ein Freund des Volkswagens die Käfer-Konturen in den Sand gemalt. Die Wellen nahen schon heran und werden den Käfer für immer auslöschen. Auch nicht für die Ewigkeit gedacht sind die beiden Käfer aus Eis beziehungsweise aus Sand.

Diese siamesischen Käfer-Zwillinge stehen beim Großmarkt in Groningen (Holland). Ein modernes Denkmal, das nichts dagegen einzuwenden hat, wenn Kinder mit ihm spielen.

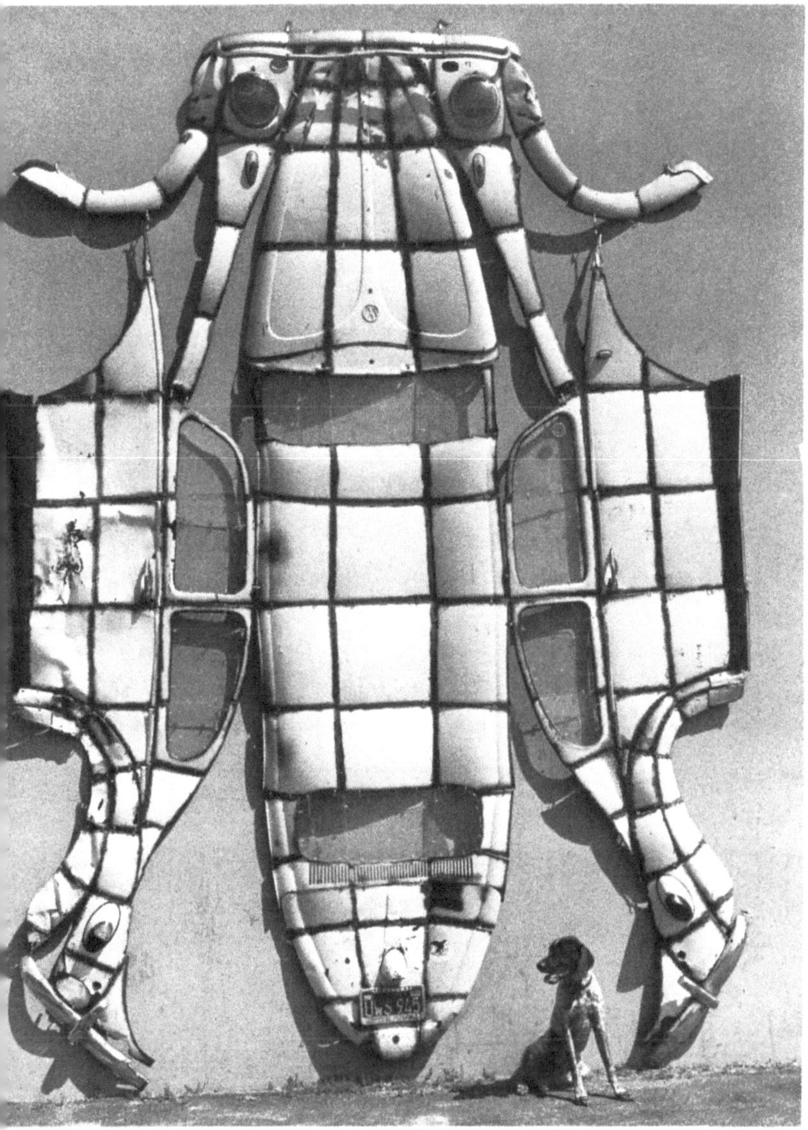

Dustin Shuler aus Californien schuf die modernste Käfer-Skulptur. Mit Hilfe eines Schweißbrenners und eines exakt ausgearbeiteten Rasters ging er der dreidimensionalen Käfer-Karosserie zu Leibe und drückte sie anschließend flach wie einen Fisch. Der Modern-Art-Käfer ziert nun eine Hauswand in San Pedro.

Die »Volkswagen-Frau« steht in Savsjostrom (Schweden) und wurde von Allan Alsterghed geschaffen, der für die »Eiserne Lady« einen Käfer-Rahmen aus den fünfziger Jahren verwendete.

Die Auto- und Kunst-Galerie in Wiernsheim hat es sich zur Aufgabe gemacht, Reproduktionen bekannter Künstler in limitierter Auflage zu drucken. »Neubeginn« nennt der schwedische Künstler Sune Envall sein Käfer-Porträt. Der 60×80 cm große Käfer im Siebdruck kostet etwa 200 Mark, bei einer Gesamtauflage von 850 Stück.

Georg Fritz bekam schon in den frühen fünfziger Jahren von Nordhoff den Auftrag, Alltagsleben und Technik im Werk zeichnerisch festzuhalten. Heute sind die mit exaktem Strich ausgeführten Radierungen gefragte Sammlerobjekte.

Der Käfer auf Karten

Nachdem 1939 der Volkswagen offiziell auf der Berliner Automobilausstellung der Öffentlichkeit vorgestellt worden war, lief parallel die Werbung für den ersten serienmäßigen Volkswagen an. Auf Ausstellungen, Ansichtskarten und in Prospekten wurde der KdF-Wagen, wie er damals offiziell hieß, der Öffentlichkeit zugänglich gemacht. Seinerzeit gab es übrigens auch eine Briefmarke mit dem Konterfei des Volkswagens, die für Sammler ihren besonderen Reiz hat, wenn sie auf der Internationalen Automobilausstellung in Berlin abgestempelt worden ist.

Heute sind die ersten Volkswagen-Karten begehrte Sammlerstücke und erzielen auf Karten-Börsen Preise zwischen 30 und 50 Mark.

In den frühen sechziger Jahren legte das Volkswagenwerk verschiedene Postkarten-Serien auf, die vornehmlich über Volkswagenhändler verteilt wurden. Es gab eine naturalistisch gemalte Serie, die die Vorzüge des Käfers auf freundliche Art verbreiten sollte, und Werbe-Postkarten, die durch eine moderne Grafik auf die besonderen Tugenden des Käfers aufmerksam machten. Für diese Karten zahlen Sammler heute um die 20 Mark. Neben den »offiziellen« Käfer-Postkarten war es fast selbstverständlich, daß der Käfer bei Stadt- und Straßenansichten im Vordergrund stand.

Käfer-Liebhaber wiederum lassen sich unter anderem eigene Weihnachtspostkarten drucken oder teilen der Öffentlichkeit auf einer selbstentworfenen Käfer-Postkarte mit, daß ein »neues Modell« das Licht der Welt erblickt hat.

Karte von der 1938 in Braunschweig stattgefundenen Ausstellung »100 Jahre Staatsbahn«.

Karte von der Internationalen Automobil- und Motorrad-Ausstellung in Berlin 1939.

Der Volkswagen
Postwertzeicher
Poststempel vor
Internationalen A
mobil-Ausstellur
Berlin 1939.

Der Volkswagen auf der Internationalen Automobil- und Motorrad-Ausstellung in Berlin 1939.

»Der KdF-Wagen als Geländefahrzeug«. Auch diese Karte wurde zur Automobilausstellung in Berlin 1939 veröffentlicht.

Werbe-Postkarten für den Käfer gab es in den verschiedensten Fremdsprachen.

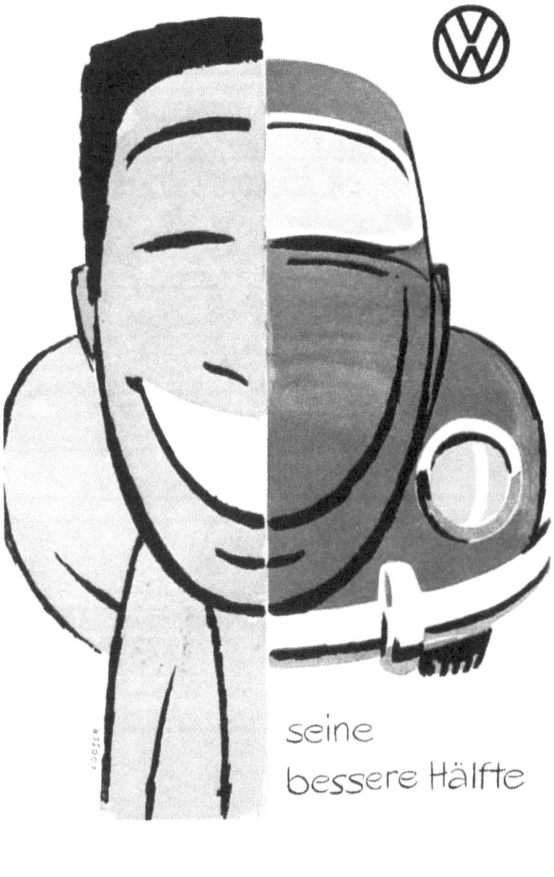

Man hat mehr vom Leben
durch dieses
liebenswerte Automobil
VOLKSWAGEN

Alles mit einem Volkswagen

Zum guten Wagen die gute Mitgift: der zuverlässige VW-Kundendienst
Printed in Germany

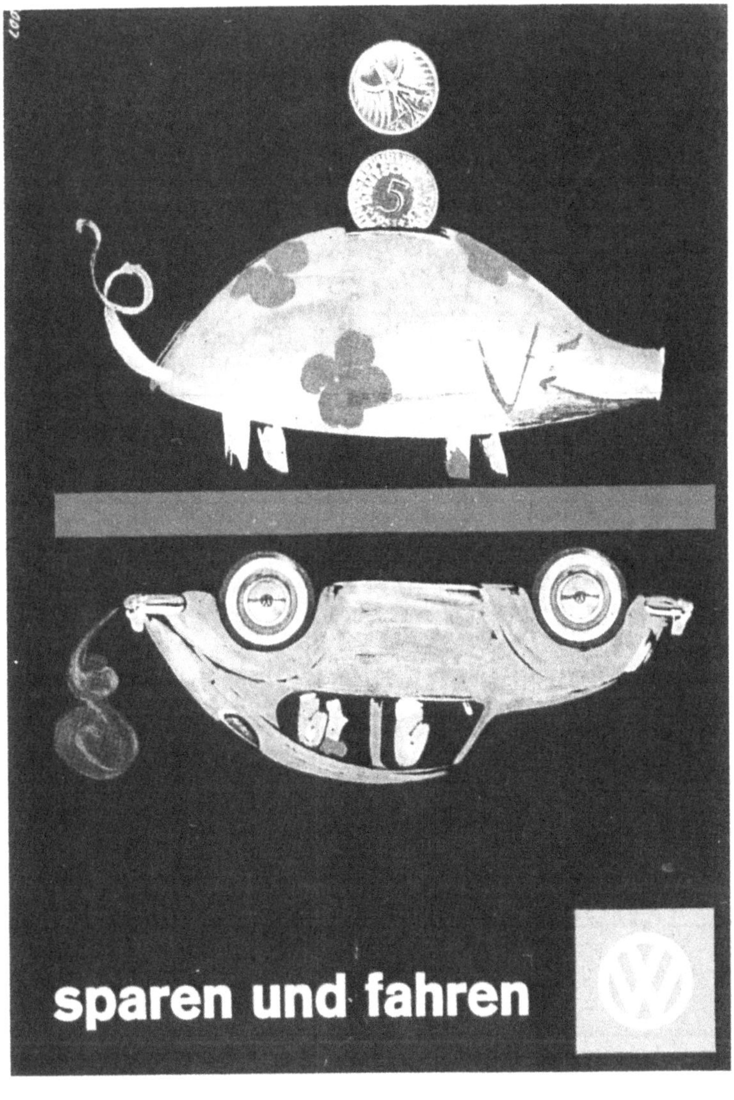

Auf vielen Stadt- und Straßenansichten stand der Käfer im Vordergrund.

Persönliche Postkarte
zum Weihnachtsfest.

Bücher über den Käfer und das Volkswagenwerk

Im Laufe der Jahre sind viele Bücher über den Käfer und das Volkswagenwerk entstanden. Auch war der Käfer oft Star in den verschiedensten Reiseberichten. Erstaunlicherweise sind die meisten Bücher über das Volkswagenwerk im Ausland produziert worden. Viele Bücher aus den fünfziger und sechziger Jahren zählen heute zu den gesuchten Sammlerstücken und werden im Antiquariat hoch gehandelt. Hier ein Querschnitt über jene Bücher, in denen der Käfer die Hauptrolle spielt.

Kleinkinderbücher

Volksy, The Little Yellow Car
Helen Wing, Chicago/USA, 1965.
Inhalt: Ein kleiner gelber Käfer kommt per Schiff nach Amerika in eine Familie. Es wird geschildert, wie es ihm ergeht. Das Buch ist durchgehend bunt illustriert.

The little Red Volks that wouldn't stop running
USA, 1963.
Inhalt: Ein kleiner roter Käfer auf dem Weg zu seiner amerikanischen Familie, als Zweitwagen neben dem großen Familienwagen. Das Buch ist zweifarbig illustriert.

Über Berg und Tal
Eine Autofahrt von früh bis spät.
Verfasser unbekannt.
Inhalt: Gereimter Text, bunt bebildert.

La VW de papa
Bruxelles.
Inhalt: Ein bunt illustriertes Käfer-Reklamebuch für Kinder.

Jugendbücher

Thomas und sein Volkswagen
Erich Kuby. München, 1955.
Inhalt: Ein Junge aus Wolfsburg gewinnt anläßlich des Produktionsjubiläums »Eine Million Volkswagen« einen Käfer.

Alarm im Werk
Erich Kuby. München, 1955(?).
Inhalt: Abenteuer einer Jugendbande im und um das VW-Werk herum. Wiederum mit Thomas, dem jungen Käfer-Besitzer.

Start ins Leben
Hans Vogts. Berlin, 1955(?).
Inhalt: Jugendbuch über das VW-Werk und den Käfer.

Im Geistertal von Sumatra
H. O. Meissner. München (ohne Jahresangabe).
Inhalt: Abenteuerbericht, in dem der Käfer eine wichtige Rolle spielt.

Die Insel der Drachen
H. O. Meissner, Stuttgart, 1958.
Inhalt: Ein abenteuerlicher Reisebericht über die Begegnung mit Drachen (Echsen) in Indien. Der Käfer erscheint im Text und in den Fotografien als Reisegefährte.

Der Satanstiger
H. O. Meissner. Giessen, 1957.
Inhalt: Abenteuerlicher Reisebericht. Diesmal geht es um die Begegnung mit Tigern.

Bordbuch der Kalypso
Albert Hochheimer. Zürich, ca. 1960.
Inhalt: Erlebnisbericht von drei jungen Leuten mit ihrem Käfer auf einer Reise durch Europa.

Het geheim van de Volkswagen, Projekt 722. N.V.
Uitgeverij, A. Roelofs van Goor, Amersfoort, Holland.
Inhalt: Ein spannendes Jugendbuch über die drei Freunde Rolf, Harry und Henk, die während ihrer Sommerferien in Wolfsburg in den Verrat eines Entwicklungsprojektes über ein neues VW-Modell verwickelt werden.

Ein Auto erobert die Welt
Die Geschichte des Volkswagens und seines Werkes.
Wilhelm Bittorf. In der Reihe Auto- und Motorrad-Geschichten aus aller Welt, Band 14. München, 1955.

Le Scarabée de la Route
Marabout Junior. Ein Jugendbuch über Porsche und die Volkswagengeschichte.

Humoriges und Cartoons

Think Small
Volkswagen of America, Inc. 1967. Beiträge von Charles Addams, Harry Golden, Virgil Partch, George Price, Roger Price, Charles Saxon, Jean Shepherd, H. Allen Smith, William Steig und anderen.

Just plain Volks
Dick Kohler. Ohio, USA, 1958.

Cartoons über den Käfer
Virgil F. Partch. Ohne Verlagsangabe, ohne Titel, ohne Jahrgang.

The Jokeswagen Book
Charles Preston. N.Y. USA, 1966.

... und läuft und läuft und läuft
Volker Ernsting. Frankfurt, 1967.

Süßer Käfer, ein ständiger Begleiter für Käferfahrer
Arthur Westrup. Bielefeld, 1974.

Lauf Käfer lauf
Josef Bieker. Frankfurt, 1982.
Inhalt: Ein farbiger Bildband über bemalte Käfer.

Reise- und Erlebnisberichte

Zauber der Insel
J. M. Elsing. Zürich, 1962.
Inhalt: Reisebericht über Fahrten nach den west- und ostafrikanischen Inseln.

Sikelela Afrika
J. M. Elsing. Zürich, 1961.
Inhalt: Erlebnisse mit Menschen und Tieren im Süden Afrikas.

Afrikanisches Fahrtenbuch
Pierre d'Ieteren. Bielefeld und Berlin, 1953.
Inhalt: Ein Reisebericht über Afrika mit VW-Käfer und VW-Transporter.

Deux Femmes au volant
Gabrielle d'Ieteren und Charlotte van Marcke de Lummen. Paris, Bruxelles, 1951.
Inhalt: Zwei Belgierinnen in Afrika unterwegs mit einem Käfer.

Habari gani Afrika
H. Lenenberger. 1955.
Inhalt: Reisebericht aus Afrika.

Fahr mit Barbara
Carl Otto Windecker. Bielefeld und Berlin, 1951.
Inhalt: Reisebericht durch Europa mit dem Käfer Billy.

Mit VW auf Reisen
Herausgeber: Public Relations Abteilung, Porsche Konstruktionen KG, Salzburg. Wien, 1970.

Mit Kamera und VW in Spanien
Bert Boger. 1955.
Inhalt: Fotoband über eine Spanienreise.

Kleiner Wagen in großer Fahrt
Heinz Todtmann und Alfred Tritschler. Offenburg, 1949.
Inhalt: Fotobildband mit Text.

What's next Pizarro?
Raymond and Kenneth Dyches. Discovering Mexico, Central and South America by Volkswagen. Pageant Press, N. Y. USA, 1968.
Inhalt: Die ungewöhnlichen und auch oft sehr amüsanten Abenteuer, die zwei Brüder mit einem VW durch den amerikanischen Kontinent erlebten.

Weltreise im VW 1200
Horst Reinemer. Asco Printers, 1971.
Inhalt: Alleinfahrt in vier Jahren rund um die Welt, 73 000 km, in 34 Ländern.

Geschichtliches über das Volkswagenwerk und den Käfer

Die Autostadt
Horst Mönnich. Frankfurt, 1951 oder München 1958.
Inhalt: Ein Roman über den VW Käfer und die Autostadt Wolfsburg.

Die Volkswagen-Story
Biographie eines Autos. Walter Henry Nelson. Frankfurt und Hamburg, 1968. Englischer Originaltitel **»Small Wonder«.** Little, Biston und Toronto, 1965 oder Hutchinson of London, first published 1967.
Inhalt: Dieses Buch zeichnet die Stationen nach – von Ferdinand Porsches Konstruktionen über Hitlers Befehl, ein Werk aus dem Boden zu stampfen.

Ein Auto zieht Kreise
Fritz Kölling. Reutlingen, 1962.
Inhalt: Ein »Sachbuch« über Geschichte und Entwicklung des Volkswagens und des VW-Werkes, die Stadt Wolfsburg und über die großen Männer des Volkswagens: Porsche und Nordhoff.

Die VW-Story
Jerry Sloniger. Stuttgart, 1981. Originaltitel »The VW Story«. Patrick Stephens Limited, Bar Hill, Cambridge, Großbritannien, 1980.
Inhalt: Das Buch berichtet über die Errungenschaften des Volkswagenwerkes, vermittelt Hintergründe, zeichnet die verantwortlichen Persönlichkeiten und spiegelt wirtschaftliche Zusammenhänge wider.

Volkswagen Nine Lives Later
The lengthened Shadow of a good Idea. Dan R. Post. Arcadia, California, USA, 1966.
Inhalt: Die Geschichte des VW mit mehr als 500 Illustrationen.

The Amazing Porsche and Volkswagen Story
W. Robert Nitske. USA, 1958.
Inhalt: Über das Leben, das Werk und den Erfolg des VW-Konstrukteurs Porsche, über die Automobilindustrie in Deutschland und andere europäische Länder von der Jahrhundertwende bis 1958. Außerdem über den Wiederaufbau unter Heinz Nordhoff.

Beyond Expectation, The Volkswagen Story
K. B. Hopfinger. First published 1954, reprinted 1962. G. T. Foulis & Co Ltd. London.
Inhalt: Die Geschichte und Entstehung des Käfers, über seinen Konstrukteur Ferdinand Porsche und den Wiederaufbau des VW-Werkes.

Saint-Loup. Dix Millions des Coccinelles
Paris, 1968.

Think small
The Story of those Volkswagen Ads. Frank Rowsome. Brattleboro, Vermont, 1970.
Inhalt: Die Geschichte der VW-Werbung von ihren Anfängen in den späten 50er Jahren bis in die 70er Jahre, über ihren großen Erfolg in den amerikanischen Medien. Darüber hinaus ein kurzer Abriß über den Erfolg des Käfers und eine Untersuchung über die Beziehung des Durchschnittsamerikaners zu seinem Auto in den 50er- und 60er Jahren.

DER KÄFER II
Eine Dokumentation. Etzold. Zug, 1984.
Inhalt: Vom Urmodell zum Weltmeister. Aufbau des Werkes. Die ersten Volkswagen-Modelle, die technische Grundkonzeption des Käfers. Käfer-Tests. Käfer-Motoren-Entwicklung. Geschichten über Porsche und Nordhoff. Käfer-Nachfolger-Modelle, die nie produziert wurden.

Nordhoff
Schenzinger, Simon, Zischka. München, 1969.
Inhalt: Die Geschichte des Mannes, der den Volkswagen zum Welterfolg machte.

Wohin läuft VW?
Herausgeber: Reinhard Doleschal/Rainer Dombois. Hamburg, 1982.
Inhalt: In diesem Buch werden Entwicklungen des VW-Konzerns und im VW-Konzern sowie ihre sozialen Folgen untersucht.

The Porsche and Volkswagen Companion.
Kenneth Ullyett. Stanley Paul & Co. LTD, 1962.
Inhalt: Interessantes über die beiden Firmen, deren Chefs und technische Einzelheiten über die Modelle.

Volkswagen
Beetle and Derivatives. Hans O. Neubauer. London, 1979.
Inhalt: Die Käfer-Story mit vielen Abbildungen auch von Sonderaufbauten und anderen VW-Modellen.

Der Käfer im Bild
Reichert/Klersy, Stuttgart, 1986.
Inhalt: Die unverwüstliche Geschichte des Krabbeltiers in außergewöhnlichen Fotos und Texten.

Technik- und Modell-Bücher

The VW Beetle
Robin Fry. David & Charles, Newton Abbot, London, USA, 1980.
Inhalt: Die Geschichte des Käfers von den ersten Anfängen bis hin zu einer Modellübersicht.

Der Käfer I
Eine Dokumentation. Etzold. Zug, Stuttgart, 1982.
Inhalt: Die Modelle von 1945 bis heute mit allen technischen Daten und Details.

Volkswagen Beetle
William Boddy. London, 1982.
Inhalt: Die Käfer-Geschichte mit Modellübersicht.

The VW Beetle
Jonathan Wood. London, 1983.
Inhalt: Die Geschichte des Käfers mit Modelländerungen, einschließlich Karmann Ghia.

The Beetle Book
William Steinwedel. Prentice-Hall, Inc. Englewood Cliffs, New Jersey, USA, 1981.
Inhalt: Amerikas 30-Jahre-Liebe zum Käfer mit Abbildungen über Sonderaufbauten auf Käfer-Fahrgestell.

Der KdF-Wagen von A bis Z
Herausgeber Volkswagenwerk G.m.b.H. Berlin. Idee und Text: K.H. von Graeve, Berlin.
Inhalt: Erstes Handbuch über den Volkswagen, ein Ratgeber über den Umgang mit dem Volkswagen.

Der KdF-Wagen von A bis Z
Herausgeber und Autor, siehe oben. Original-Wiedergabe, Stuttgart, 1975.

VW im Kriege
Michael Sawodny. Friedberg, 1979.
Inhalt: Bildband mit Text über die während der Kriegsjahre hergestellten Volkswagen.

Volkswagen cars 1936–1956
Holmerise.
Inhalt: Nachdrucke von Volkswagen-Tests aus verschiedenen Zeitungen.

Die besten Tips für VW-Fahrer
Zusammengestellt von Stefan Woltereck. 1961.
Inhalt: Tips, wie man seinen Volkswagen ganz individuell herrichten kann.

Meine Erfahrungen mit dem VW 34 PS
Klaus Hansen (Redaktion). 1961.
Inhalt: »Wir fragten tausend Käfer-Fahrer über ihre Erfahrungen mit dem Käfer«.

VW ABC
So sieht der Volkswagen von innen aus. Adalbert Schaar. Berlin, 1959.
Inhalt: Erläuterungen zur Käfer-Technik.

Autofibel mit Fahranleitung für den Volkswagen
Otto Willi Gail. Breslau, 1. Auflage 1930.
Inhalt: Die Fahrschule für Jedermann mit technischen Erklärungen.

Jetzt mache ich ihn schneller
Gert Hack/Dieter Korp. Stuttgart, (mehrere Auflagen).
Inhalt: Tuning des VW-Käfers.

Käfer-Treter GmbH
Folge 1 und 2. Herausgegeben von Klaus Peter Backfisch. Darmstadt, 1973/1974.
Inhalt: Motorsport mit VW-Fahrzeugen.

Mein VW Käfer
D. Korp/H. P. Lange. Stuttgart, 1970.
Inhalt: Nützliche Ratschläge für den Käfer-Fahrer.

Besser Fahren mit dem Volkswagen
Arthur Westrup. Bielefeld und Berlin, 1950 (mehrere Auflagen).
Inhalt: Über den Umgang mit dem Käfer. Westrup schrieb das erste Käfer-Handbuch nach dem Krieg, es wurde ein Bestseller.

Das Buch vom Volkswagen
Paul Reibestahl. Braunschweig-Berlin, 1951.
Inhalt: Vom Kleinwagen zum Volkswagen. Eine Plauderei in Wort und Bild über eine geniale Konstruktion.

Mehr Freude mit meinem VW-Käfer
Anton Konrad. München, 1968.
Inhalt: Ein Handbuch für den täglichen Umgang mit dem Käfer.

Tuning in Theorie und Praxis
Theo Decker, Düsseldorf, 1991.
Inhalt: In zwei Bänden gibt der bekannte Tuner Tips für das richtige Käfer-Tuning.

VW Käfer
Etzold, Bielefeld, 1990.
Inhalt: Pflege, Wartung und Reparatur für alle Käfer-Modelle.

VW Käfer-Limousinen 1938–1978
Schrader, München, 1991.
Inhalt: VW-Chronik mit Testberichten und Tabellen.

Spaß mit dem Käfer

In vielen Karikaturen fällt dem Käfer die Aufgabe zu, die Menschen mit der Umwelt zu verbinden. In allen nur erdenklichen Lebenslagen hat dieses Volkswagenmodell jahrelang in den Karikaturen eine Hauptrolle gespielt. Der Käfer galt und gilt auch heute noch in der Karikatur als Synonym für das Automobil schlechthin. Ganze Bücher widmeten sich ausschließlich dem Käfer und seiner Umwelt, wie zum Beispiel das Schmunzelbuch von Volker Ernsting »...und läuft und läuft und läuft« oder der Karikatur-Sammelband ein »Süßer Käfer« von Arthur Westrup.

Über Jahre hinweg erfreute die Zeitschrift »Gute Fahrt« Mitte der sechziger Jahre ihre Leser mit VW-Gerüchten, die sich natürlich vornehmlich um den Käfer rankten. Vieles, was damals noch als Gerücht verbreitet wurde, ist heute längst Realität geworden.

Karikaturen sollen für sich selbst sprechen. Hier eine kleine Auswahl von Schmunzel-Käfern.

Ja, mein gestohlener Wagen hat ein besonderes Merkmal.
Es ist ein VW!

Aus der Serie
»Spaß am VW«

Blau ist er, kobaltblau,
und am vorderen Kotflügel hat er 'ne kleine Beule.

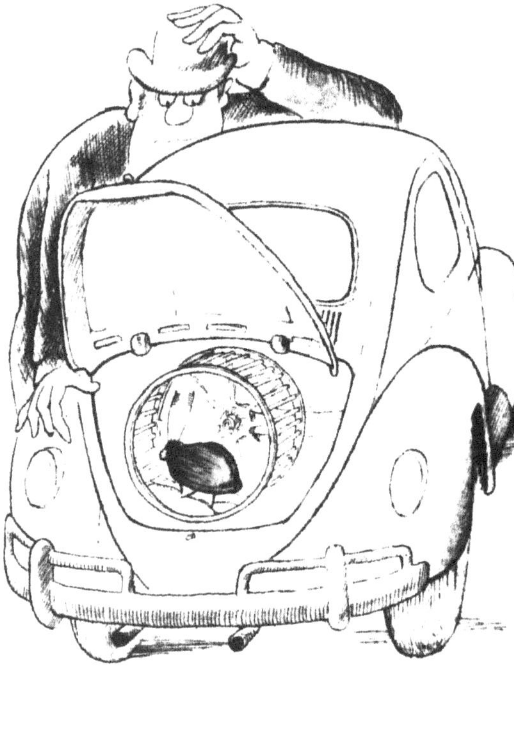

Aus der Zeitschrift »Gute Fahrt«

Das VW-Gerücht (7)

VW mit Scheibenbremsen

Das VW-Gerücht (33)

VW mit Einspritzmotor

Das VW-Gerücht (30)

Daimler Benz 1300

Das VW-Gerücht (21)

Semper idem: „ Und nun, Frau Schmitz, sagen Sie uns, welches ist der neue VW?"

Das VW-Gerücht (8)

Auf Wunsch Spezialzubehör für bessere Kurvenlage.

„Zum Karneval kostümieren wir ihn auch immer!"

Aus dem Buch »Süßer Käfer«

„Was, 120 wär' ich gefahren? Das waren mindestens 170."

„Auf diese Weise habe ich das Garagenproblem gut gelöst."

„Wir haben wirklich kein Benzin mehr."

„Das ist das Schöne bei meinem Mann: Das Auto ist sein ein und alles."

„Johann, bringen Sie mich an den Stadtrand. Ich haue ab."

„Scheißtag heute. Alles schiefgegangen."

„Ich denke so gern an unsere Sonntagsausflüge zurück, Elisabeth."

chluß jetzt, Ajax. Herrchen möchte auch mal wieder fahren."

Der Käfer in den letzten Zügen Gezeichnet von Eckart Munz

Faszination im Spielzeugformat: Käfer-Modelle

Was einst als Spielzeug Massenware war und in hohen Stückzahlen produziert wurde, steht heute bei den Sammlern nach Herstellungsjahr und Produzent wohl sortiert in den Vitrinen: Die Modell-Käfer.

Gefragt sind natürlich vor allem jene, die noch vor dem Krieg hergestellt wurden, damals rund eine Mark kosteten und heute die Tausend-Mark-Grenze mitunter schon überschreiten.

Die Käfer-Modell-Sammler von heute sind in der ganzen Welt verstreut, wobei vor allem die Japaner und Amerikaner fast jeden Preis für einen alten Spielzeug-Käfer zu zahlen bereit sind.

1978 taten sich einige begeisterte Käfer-Sammler aus der ganzen Welt zusammen und gründeten den »Volkswagen-Modell-Club«. Innerhalb kurzer Zeit hatte der Club 100 internationale Mitglieder, so daß von allen Kontinenten nur Afrika fehlt. Da die Mitglieder in der ganzen Welt verstreut ihren Wohnsitz haben, läßt sich ein Club-Treffen nur schwer organisieren, doch gibt es für jedes Club-Mitglied vierteljährlich eine Zeitschrift, die den Kontakt zu den Mitgliedern unterhält. Der Club hat übrigens seinen Sitz in Schottland und wird von Jim Mc Lachlan geleitet (Volkswagen Model Club, 20 Langless St., Bainsford, Falking FK2 7RE, Scotland).

Das erste maßstabsgetreue Modell des Käfers wurde 1938 von Arbeitern der Stuttgarter Firma Porsche gebaut. Es wurde nie verkauft und ist heute im Deutschen Museum in München zu bestaunen. Der Käfer wurde im Maßstab 1:10 nachgebildet, so daß das Modell 40 Zentimeter lang und 15 Zentimeter hoch ist.

Die Modell-Einzelheiten sind recht bemerkenswert: Stoßstangen, Glasfenster und komplette Beleuchtungsanlage. Die gummibereiften Räder drehen sich, und selbst die Türen sind über kleine Türgriffe zu öffnen. Mit Liebe gefertigt sind auch die gewölbten Radkappen, allerdings noch ohne VW-Zeichen. Beim Öffnen des Kofferraums werden das Ersatzrad und der Tank sichtbar. Unter der Motorhaube kommt eine detailgetreue Maschine mit Gebläse, Vergaser und Lichtmaschine zum Vorschein.

Nach dem Öffnen der Türen zeigen sich zwei perfekt geformte Vordersitze mit Haltegriffen für die Heckpassagiere sowie eine gut ausgebildete Rücksitzbank. Ein exakt nachgebildetes Lenkrad und ein aufgemaltes Armaturenbrett vervollständigen den guten Gesamteindruck. Das Modell wurde einst von Porsche Hitler geschenkt und überstand alle Kriegswirren im Deutschen Museum. Allerdings wurde nach gut 40 Jahren eine Renovierung erforderlich, die das Volkswagenwerk mit sicherer Hand für Originaltreue durchgeführt hat.

Ein besonders solides Käfer-Modell, das in kleiner Auflage vom Porsche-Büro 1938 als Werbemodell vor Einführung des KdF-Wagens herausgegeben wurde, besteht aus dickem Stahlblech. Es ist übrigens das erste Käfer-Modell, das in Serie hergestellt wurde. Wahrscheinlich ist es von den Firmen Ludwig Hunger, Stuttgart und Gebrüder Volk, Eisenach produziert worden, da diese Firmen auch die zur Herstellung notwendigen Werkzeuge fertigten. In der ganzen Welt gibt es nur sehr wenige Käfer-Modell-Sammler, die in den Besitz dieser Rarität gelangen konnten.

Dieses seltene Stück ist allerdings beileibe nicht das einzige Modell, welches vor 1940 gefertigt wurde. Märklin in Göppingen, bekannt durch seine Modell-Eisenbahnen, begann ebenfalls 1938 mit der Produktion des KdF-Wagens im Maßstab 1:38 (107 mm lang). Abgesehen von dem geteilten Heckfenster zeichnet sich dieses Modell durch das Kennzeichen »III A-9« und das KdF-Zeichen an der hinteren Stoßstange aus.

Unglücklicherweise ist seinerzeit eine Zinklegierung verwendet worden, so daß das Modell heutzutage äußerst brüchig ist. Das zweite Vorkriegsmodell von Märklin ist diesbezüglich nicht viel besser, obgleich es die Zeit etwas besser überstanden hat. Die Märklin-Modelle sind heute die gesuchtesten Modelle überhaupt und dementsprechend teuer.

Die meisten anderen Modelle aus jener Zeit waren aus Blech. Die Firma Distler stellte beispielsweise ein hervorragendes Modell im Maßstab von ungefähr 1:18 her (230 mm lang). Während das Vorkriegsmodell mit Fahrerfigur auf lithographiertem Blech und dem Kennzeichen III A-42801 hergestellt wurde, produzierte Distler nach dem Krieg Modelle mit den Kennzeichen »307300« und »D-3070«.

Wer Besitzer eines Kataloges vom Versandhaus Quelle aus dem Jahr 1939 ist, findet unter der Artikelnummer S 7734 das Modell eines Volkswagens zum Preis von 99 Pfennig. Lange haben Sammler gerätselt, wer diesen preisgünstigen Käfer hergestellt hat. Inzwischen ist es nahezu sicher, daß es die Firma Neuhierl war, deren bekannteste Käfer auf der Stoßstange das Kennzeichen »IN-35« tragen.

Die Kürzel »IN« oder »JN« sind die Initialien des damaligen Blechspielzeugfabrikanten Johann Neuhierl, der kurz vor Kriegsbeginn sein Käfer-Modell auf den Markt brachte. Das Spielzeugmodell wurde noch bis in die ersten Kriegsjahre ausgeliefert, dann mußte man die Produktion unterbrechen. Nach dem Krieg wurden dann noch kleinere Stückzahlen des IN-35-Käfers hergestellt. Heute ist die Firma Neuhierl unter dem Namen Carrera bekannt und produziert vor allem Spielzeug-Rennbahnen.

Ein besonders interessantes Modell, das in keiner VW-Modell-Sammler-Vitrine fehlen darf, ist der berühmte Kellermann-(CKO)Verwandlungs-Käfer, der sowohl vor dem Krieg (1938) wie auch danach hergestellt wurde. Durch Betätigen eines Hebels, der sich am Wagenboden befindet, wird das Dach der Limousine durch Umschwenken versenkt und somit aus der Limousine ein Cabrio. Am Steuer hat dann der Fahrer Platz genommen. Um das Fahrzeug besonders attraktiv zu machen, wurde es anfangs sogar mit einem lithographierten Kühlergrill ausgestattet.

Nach dem Krieg wurde eines der interessantesten Modelle im Werk selbst hergestellt. Die Aluminium-Gußform bestand aus drei Teilen. Die ausgeformten Modelle sind etwa 120 Millimeter lang, haben feststehende, massive Räder und waren oft auf einem Sockel montiert. Die kleinen Alu-Käfer wurden an verdiente Mitarbeiter zum Abschied verschenkt, aber auch einige britische Offiziere erhielten mitunter ein Modell. Von diesen Alu-Käfer gibt es auch einige mit drehbaren, gummibereiften Rädern. Da diese Alu-Käfer nur in begrenzter Stückzahl (ca. 100 Stück) hergestellt worden sind und nie im Handel zu kaufen waren, ist der Liebhaberpreis heute entsprechend hoch. Eines dieser wenigen Modelle steht übrigens auf dem Schreibtisch des VW-Chefs Dr. Carl Hahn.

Neben den bekannteren Firmen Distler und Neuhierl produzierten Ende der 40er Jahre rund 20 kleinere Hersteller Blech-Spielzeug; vornehmlich natürlich den beliebten Käfer.

Die Firma Tipp und Co., ein renommierter Hersteller von Blechspielzeug (1912 bis 1971), hat sich natürlich auch in den 40er Jahren des Käfers angenommen und mehrere Modelle hergestellt. Ein wunderschönes Blechspielzeug von Tipp und Co. ist die Kombination von Käfer und Tankstelle mit Pumpstation. Ist die Verbindung zwischen Käfer und Tankstelle hergestellt, kann das Federwerk des 14 Zentimeter langen Blech-Käfers mit dem Pumpenhebel der Tankstelle aufgezogen werden.

Nach dem Krieg nahmen einige dieser Hersteller die Käfer-Produktion wieder auf, doch tragen viele der damals produzierten Käfer keine Her-

Hersteller: Gama, Deutschland
Maßstab: 1:29, 140 mm lang
Zeitraum: 1947–1949
Ausführung: Blech

Einzelheiten:
Der Gama-Feuerwehr-Käfer ist mit einer Sirene aus Guß ausgestattet. Front- und Heckfenster sowie die Belüftungsschlitze sind silberfarbig.

Hersteller: Dux, Deutschland
Maßstab: 1:35, 115 mm lang
Zeitraum: ca. 1950
Ausführung: Blech mit Plastikscheiben

Einzelheiten:
Der Dux-Käfer hat silbern bemalte Belüftungsschlitze. Der Käfer wurde zusammen mit einem VW-Bus und einem VW-Pritschenwagen in einem Bausatz verkauft. Der Käfer hatte einen Uhrwerkmotor.

Hersteller: Prämeta, Deutschland
Maßstab: 1:35, 115 mm lang
Zeitraum: 1949/1950
Ausführung: Zinkguß

Einzelheiten:
Rechts ist das ältere Guß-Modell abgebildet. Das linke Modell hat einen Motor, ist mit Gummirädern ausgestattet, und die Fenster einschließlich der Frontscheinwerfer sind silbern bemalt.

Hersteller: Tipp&Co, Deutschland
Maßstab: 1:43, 94 mm lang
Zeitraum: 1946–1949
Ausführung: Blech

Einzelheiten:
Das Blechmodell hat auflithographierte Personen. Das Uhrwerk wird an einer Tankstelle mit dem Pumpenhebel aufgezogen.

Hersteller: unbekannt
Maßstab: 1:43, 95 mm lang
Zeitraum: ca. 1945/1946
Ausführung: Blech

Einzelheiten:
Blechmodell mit Uhrwerk und vier Türen.

Hersteller: Gebrüder Volk, Eisenach oder Ludwig Hunger, Stuttgart.
Maßstab: 1:26, 161 mm lang
Zeitraum: 1938
Ausführung: Blech
Einzelheiten:
Es handelt sich um ein Werbemodell der Firma Porsche. Das Modell wurde aus dickem Stahlblech hergestellt. Es ist zweifarbig bemalt, hat keine Stoßstangen oder Belüftungsschlitze für den Motor.

Hersteller: Distler, Deutschland
Maßstab: 1:17
Zeitraum: 1939/1940
Ausführung: Blech
Einzelheiten:
Die Firma Distler hat sehr gutes Blechspielzeug hergestellt. Der Blech-Käfer hat einen Uhrwerkmotor; die Figur des Fahrers ist aufgedruckt. Das Fahrzeug-Kennzeichen hat die Nummer: III A 42801.

Hersteller: Märklin, Deutschland
Maßstab: 1:71, 59 mm lang
Zeitraum: 1938–1940
Ausführung: Spritzguß

Einzelheiten:
Die Firma Märklin war Hersteller für besonders aufwendiges, gut verarbeitetes Blechspielzeug. Der Käfer trägt auf beiden Stoßstangen die Abkürzung »KdF« (Kraft durch Freude). Dieser Käfer ist im Spritzgußverfahren hergestellt worden. Er trägt im Märklin-Katalog die Nummer Pico 9.

Hersteller: Distler, Deutschland
Maßstab: 1:17, 247 mm lang
Zeitraum: 1949–1952
Ausführung: Blech

Einzelheiten:
Der Distler-Käfer mit dem Kennzeichen D-3070 wurde nach dem Krieg hergestellt.

Hersteller: Neuhierl, Deutschland
Maßstab: 1:23, 182 mm lang
Zeitraum: 1938–1940
Ausführung: Blech

Einzelheiten:
Der Neuhierl-Käfer wurde auch noch in geringer Stückzahl nach 1945 produziert. 1939 wurde der Neuhierl-Käfer im Quelle-Katalog zusammen mit 26 Verkehrszeichen und Fernlenkung (Bowdenzug) zum Preis von 1,95 Mark angeboten.

Hersteller: Kellermann (CKO), Deutschland
Maßstab: 1:25, 160 mm lang
Zeitraum: 1938–1954
Ausführung: Blech, Uhrwerkmotor
Einzelheiten:
Durch das Betätigen eines Hebels am Wagenboden kippt der Dachaufbau und wird im Fahrzeug versenkt. Aus der Limousine wird dadurch ein Cabrio. In den 50er Jahren wurde der Kellermann-Käfer der Realität angepaßt. Der Phantasiegrill entfiel und aus dem Brezel- wurde ein Ovalfenster.

Hersteller: VW-Werk
Maßstab: 1:34, 120 mm lang
Zeitraum: ca. 1945–1950
Ausführung: Aluminiumguß
Einzelheiten:
Einziges Modell, welches im Volkswagenwerk hergestellt wurde. Es wurde zu besonderen Anlässen an verdiente Mitarbeiter verschenkt.

Hersteller: Wiking, Deutschland
Maßstab: 1:40, 105 mm lang
Zeitraum: 1948–1950
Ausführung: Kunststoff
Einzelheiten:
Das »gläserne« Wiking-Modell wurde 1948 von Nordhoff in Auftrag gegeben. Es wurde vielfach über die VW-Händler verschenkt. Der Bausatz ist aus durchsichtigem Kunststoff.

Hersteller: G. Fischer, Deutschland
Maßstab: 1:45, 90 mm lang
Zeitraum: ca. 1945–1947
Ausführung: Blech
Einzelheiten:
Einfacher Blech-Käfer, ohne Antrieb, ohne Räder. Kennzeichen GF 209

Hersteller: G. Fischer, Deutschland
Maßstab: 1:45, 90 mm lang
Zeitraum: 1948/1949
Ausführung: Blech
Einzelheiten:
Einfacher Blech-Käfer, jedoch mit sehr schöner Zweifarben-Lackierung. Radkappen bei einigen Modellen rot bemalt, Kunststoffräder.

stellerangabe. Mitunter steht gar nichts oder nur »Made in US-Zone« auf der Unterseite oder am Heck. Heute ist es deshalb äußerst schwierig, die Herkunft dieser Modelle exakt festzulegen. Einige Hinweise erhält man aus den benutzten Kennzeichen. »GF-209« wurde beispielsweise von der Firma Georg Fischer und »HK 391« von Huki hergestellt. Die Herkunft der Mehrzahl jener frühen Käfer-Modelle läßt sich jedoch nicht mehr exakt feststellen, doch sind die wichtigsten hier zusammengetragen. Die Firma, die erfreulicherweise ihre Produkte kennzeichnete, war GAMA. Sie stellte damals zwei sehr schöne Blechmodelle her, und zwar einen normalen Käfer in verschiedenen Farben und eine Ausführung als Feuerwehrauto mit einer gegossenen Sirene auf dem Dach. Das 140 Millimeter lange Modell hat aufgemalte Fenster und Scheinwerfer sowie »verchromte« Stoßstangen. Ein Schwungradantrieb sorgt für den nötigen Vortrieb.

Viele einfache, preiswerte Blechmodelle entstanden Ende der fünfziger Jahre in der Firma Huki. Mit den Katalog-Nummern 391, 392 und 393 bot die Firma Hubert Kienberger (HUKI) Modelle mit Uhrwerkmotor oder Schwungradantrieb an. Die Farben waren stets in den Kombinationen grün/ocker oder rot/creme. Interessanterweise gab es von Huki auch einen Käfer mit vier Türen, die allerdings nur aufgemalt waren. Zwei andere erwähnenswerte Huki-Modelle tragen die Nummer HK 4003 und 4005. Von oben betrachtet ist das HK-4003-Modell ein Käfer, von der Seite her jedoch ist es so lang und niedrig, daß es nur wenig Ähnlichkeit mit dem Käfer besitzt. Das HK-4005-Modell ist vermutlich das erste Käfer-Cabrio-Modell. Beide Modelle sind 130 Millimeter lang, während die HK-390er-Modellreihe nur 80 Millimeter mißt.

Zur Huki-Ausstattung gehörte auch das Ausmalen der Insassen. Der Vater lenkt, die Mutter sitzt auf dem Beifahrersitz, zwei Kinder, natürlich Junge und Mädchen, teilen sich die Rücksitzbank. Selbst an das Spielzeug für die Kinder wurde gedacht: Eine Puppe baumelt im Heckfenster.

Ein Modell, ähnlich den großen Hukis, ist das Hebmüller-Cabrio mit der Kennzeichen-Nummer »H-2003«. Exakte Hersteller-Angaben fehlen. Das 140 Millimeter lange Modell gab es nur in blau. Ausgestattet war es mit braunen Sitzen und einem Armaturenbrett im Stil von 1953. Dieses Modell wird seit 1980 wieder hergestellt.

Seit Mitte der fünfziger Jahre wurde für die Modell-Herstellung verstärkt Kunststoff eingesetzt. Ein schönes Modell, 215 Millimeter lang, erschien unter drei verschiedenen Namen: Mignon (Blechgrundplatte mit Kabelsteuerung), Arnold (auch mit Metallgrundplatte) und »S« (mit Kunststoffgrundplatte). Alle drei Modelle haben verchromte Stoßstangen. Die Inneneinrichtung besteht aus Blech, teilweise mit aufgemalten Einzelheiten der 52er-Käfer.

Die Geschichte über Käfer-Modelle wäre nicht vollständig, würde man nicht die Westberliner Firma Wiking nennen. Heinz Nordhoff bestellte schon 1948, kurz nachdem er Chef in Wolfsburg geworden war, Käfer-Modelle für Werbezwecke. Anfang 1949 produzierte Wiking ein zerlegbares Modell im Maßstab 1:40. Bald darauf ging ein weiteres Modell in Serie, welches sich nicht in seine Einzelteile zerlegen ließ.

Die Farbzusammenstellung der ersten Modelle war schwarz mit roten Sitzen. Die Farben der Sitze kamen besonders zur Geltung, nachdem der Käfer auch aus durchsichtigem Kunststoff (»Das gläserne Auto«) angeboten wurde. Die Wiking-Modelle bestechen vor allem durch ihre exakte Verarbeitung und Detailgetreue. Andere Firmen haben immer wieder versucht, der Exaktheit der Wiking-Modelle nachzueifern, doch ist dies selten gelungen.

Die ersten Wiking-Modelle wurden übrigens in größeren Stückzahlen von VW-Händlern für Werbezwecke geordert. Nachdem 1953 in der Serie

Hersteller: Huki, Hubert Kienberger, Deutschland
Maßstab: 1:31, 130 mm lang
Zeitraum: ca. 1947/1949
Ausführung: Blech

Einzelheiten:
Sehr flacher Blech-Käfer, Form stark verfremdet, Friktionsantrieb. Auflithographierte Personen.

Hersteller: unbekannt
Maßstab: 1:51, 82 mm lang
Zeitraum: unbekannt
Ausführung: Gelber Kunststoff

Einzelheiten: Sehr einfaches Modell aus gelbem Kunststoff, schwarze Plastikräder. Modell ohne Boden und Innenausstattung.

Hersteller: unbekannt
Maßstab: 1:180, 23 mm lang
Zeitraum: ca. 1940
Ausführung: Glas
Einzelheiten:
Der Glas-Käfer gehört zu einem Verkehrsspiel der Firma Ritter (Salzgitter).

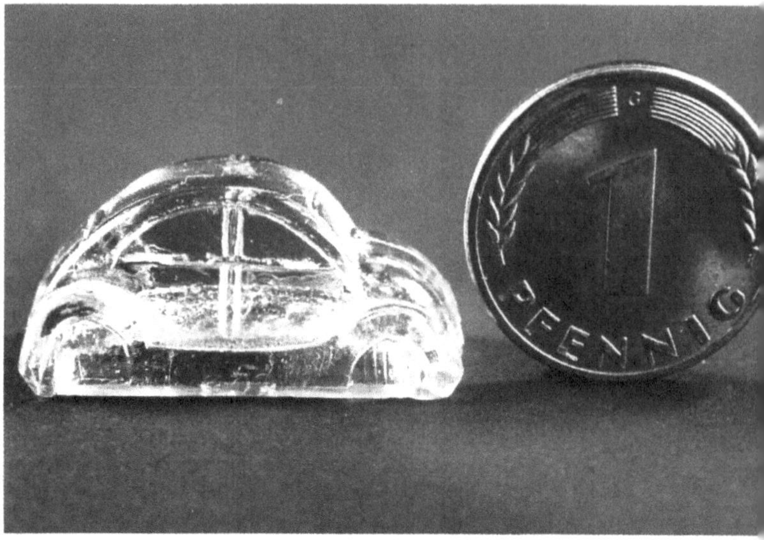

Hersteller: unbekannt
Maßstab: 1:110, 36 mm lang
Zeitraum: ca. 1950
Ausführung: Porzellan
Einzelheiten:
Der Porzellan-Käfer gehört zu dem Hausser-Spiel »Dein Volkswagen«. Vor 1945 hieß das Spiel »Dein KdF-Wagen«.

Hersteller: Ribeirinho, Portugal
Maßstab: 1:40, 105 mm lang
Zeitraum: ca. 1970
Ausführung: Kunststoff
Einzelheiten:
Es handelt sich um eine Wiking-Kopie des VW-Werbemodells. Im Gegensatz zum Wiking-Bausatz ist dieses Modell jedoch nicht zerlegbar.

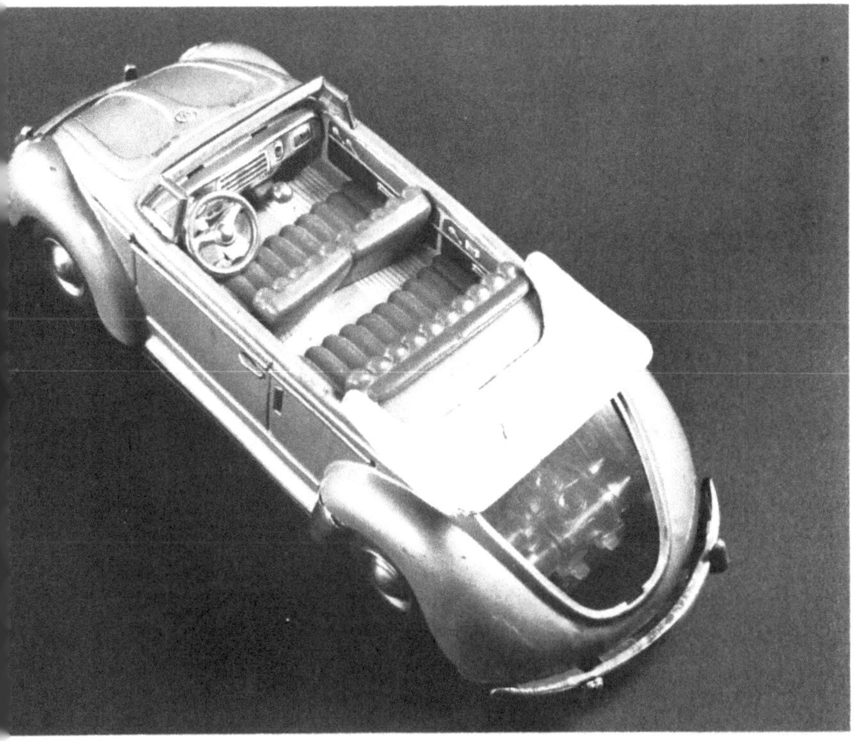

Hersteller: TN, Japan
Maßstab: 1:17, 25 cm lang
Zeitraum: ca. 1960
Ausführung: Blech
Einzelheiten: Sehr schön verarbeitetes Blechmodell aus Japan.

Hersteller: unbekannt
Maßstab: 1:120, 35 mm lang
Zeitraum: unbekannt
Ausführung: Kunststoff
Einzelheiten: Werbemodell für Fri Homa.

Hersteller: unbekannt
Maßstab: 1:85, 48 mm lang
Zeitraum: 50er Jahre
Ausführung: Kunststoff
Einzelheiten:
Sogenannter »Margarine«-Käfer.
Kopie eines Wiking-Modells.

Hersteller: Walldorf, Deutschland
Maßstab: 1:80, 51 mm lang;
1:45, 91 mm lang
Zeitraum: 1982
Ausführung: Metallbausatz
Einzelheiten:
»Walldorf Mini VW Beetle« auf der Bodenplatte eingeprägt.

Hersteller: unbekannt
Maßstab: 1:30, 140 mm lang
Zeitraum: ca. 1970
Ausführung: Blech

Einzelheiten:
Einfaches Blechmodell, Kennzeichen H-2003, Hebmüller Cabrio.

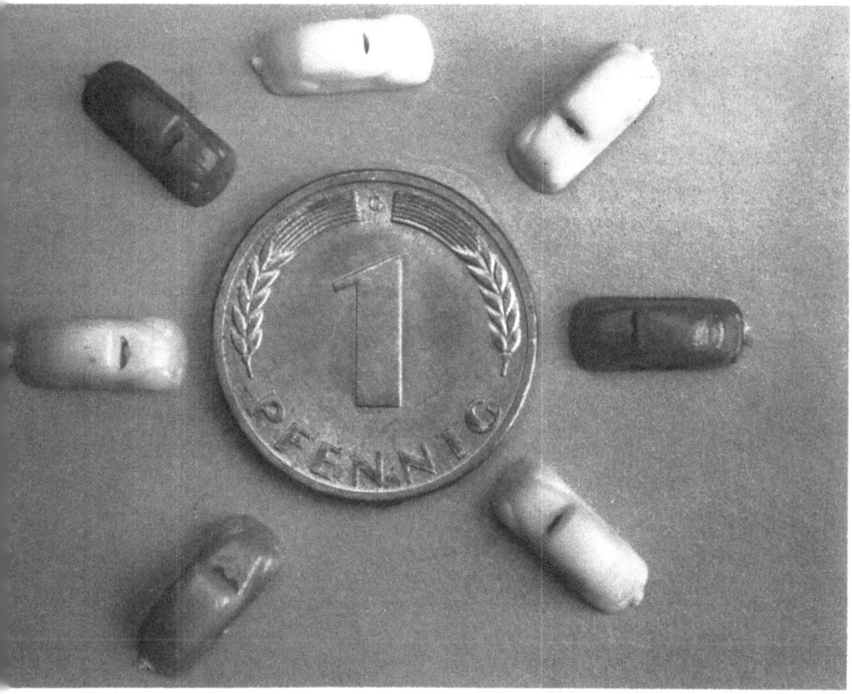

Hersteller: unbekannt
Maßstab: 1:450
Zeitraum: unbekannt
Ausführung: Kunststoff

Einzelheiten:
Die kleinsten bekannten Käfer-Modelle. Hergestellt wurden sie für das VW-Werks-Modell in Wolfsburg.

Hersteller: PP, Deutschland
Maßstab: 1:45, 90 mm lang
Zeitraum: 1983
Ausführung: Metallbausatz
Einzelheiten:
Das Fertigmodell wurde noch 1983 a
boten. Es ist mit Kunststoff-Fenstern
gestattet.

Hersteller: Baldock, Großbritannien
Maßstab: 1:48, 87 mm lang
Zeitraum: 1983
Ausführung: Kunststoffmodell
Einzelheiten:
Das Polyestermodell ist handgeferti

Hersteller: Huki, Hubert Kienberger,
Deutschland
Maßstab: 1:51
Zeitraum: 1947–1950
Ausführung: Blech
Einzelheiten:
Einfaches Blechspielzeug mit auflith
phierten Personen. Die seltenere Ve
– im Hintergrund – ist mit einem Uhr
motor ausgestattet.

fer-Modelle gab es zu allen Zeiten in en Größen. Im Vordergrund ein Käfer-odell aus dem Jahr 1983 von »Noch« im aßstab 1:220 (ca. 19 mm lang). Im Hin-grund ein Käfer-Modell aus Japan andai) aus den 60er Jahren. Das Modell sehr sauber verarbeitet.

s Foto zeigt die verschiedensten Pla-k-Käfer-Modelle. Im Hintergrund eine rität: Der Ur-Wiking-Käfer (Maßstab 37) noch mit der flachen, langgestreck-n Form und ohne Kennzeichen-Be-chtung. Der Käfer wurde ohne Räder die H0-Eisenbahnen hergestellt.

Beliebt und stark verbreitet waren die rund zehn Zentimeter langen Modelle von Gama (links) und Corgi (Großbritannien) sowie das Schuco-Modell-Varianto.

Es gibt zwei besonders aufwendige Käfer-Modelle. Das eine bekam Hitler von Porsche geschenkt, das andere überreichte der damalige Chef des VW-Werkes, Heinrich Nordhoff, dem Briten Ivan Hirst als Dank für die geleistete Aufbauarbeit nach dem Krieg.

Dieses Käfer-Modell wurde Hitler von Porsche überreicht. Nachdem es vom VW-Werk eingehend renoviert wurde, steht es jetzt wieder im Deutschen Museum in München. Das Modell zeichnet sich durch eine liebevolle Detailarbeit aus.

Dieses rund 40 Zentimeter lange Modell erhielt der englische Offizier Ivan Hirst 1949 vom damaligen VW-Chef Nordhoff. Das Modell wurde von einer Spezialfirma gefertigt. Es dürfte der teuerste Käfer im Spielzeugformat sein.

das ungeteilte Heckfenster eingeführt war, stellte Wiking im gleichen Jahr seine Produktion auf den neueren Käfer um. 1958 kam dann der Käfer mit der größeren Heckscheibe auf den Markt, den Wiking viele Jahre in verschiedenen Formen produzierte. Die Karosserie ließ sich übrigens vom Fahrgestell abnehmen. Bei der nächsten Renovierung, 1961, wurden Plexiglasfenster und Blinker hinzugefügt. Dieses Modell lief viele Jahre mit leichten Modifikationen an der Beleuchtung und den Rädern, bis dann 1969 neue Modelle mit den breiten Stoßfängern erschienen.

1972 kam ein modernisiertes Modell mit Luftaustrittsöffnungen hinter den Seitenscheiben und Schlitzen in der Motorhaube auf den Markt. Den VW 1302 (1970) wie auch den VW 1303 (1972) nahm Wiking nicht mehr ins Programm auf. Ende der 70er Jahre stellte Wiking die Produktion von Käfer-Modellen im Maßstab 1:40 ein. Neben den 100 Millimeter langen Modellen produzierte Wiking auch von Anfang an Käfer im Maßstab 1:87, vornehmlich für die Modelleisenbahn-Sammler. Der kurze, nach dem Krieg hergestellte erste Wiking-Käfer in kleinerem Maßstab in langgestreckter Form und mit einem kleinen Kennzeichen auf der vorderen Stoßstange, wurde für die Eisenbahnfreunde anfangs ohne Räder ausgeliefert. Der innen mit »WM Germany« gekennzeichnete Käfer ist heute besonders selten; und selbst mancher Wiking-Modell-Sammler hat ihn noch nie gesehen. Die kleinen Wiking-Käfer hielten all die Jahre Schritt mit der Entwicklung ihrer großen Vorbilder. Sogar ein 1303 Käfer kam zur Freude vieler Wiking-Anhänger auf den Markt. In der ersten Zeit erschienen die kleinen Käfer übrigens mit massiven Fenstern, später wurden sie verglast.

Mit dem Erscheinen des VW Käfers mit ovalem Heckfenster (1953) begann auf dem internationalen Modell-Auto-Markt ein richtiger Käfer-Boom.

Schlagartig tauchten ziemlich gute Spritzgußmodelle im Maßstab 1:43 auf. Da gab es, beispielsweise, Käfer-Modelle von folgenden Firmen: Dinky in England, Mercury in Italien, CIJ in Frankreich, Tekno in Dänemark, Tootsie in den USA. Und in Deutschland lief die Produktion mit neuen Modellen von Märklin, GAMA und Siku weiter.

Nachdem 1957 der VW Käfer mit großer Heckscheibe auf den Markt kam, ging die Anzahl der maßstabsgerechten Käfer-Modelle in die Hunderte, ohne daß Farbänderungen, Post-, Polizei-, und ADAC-Ausführungen berücksichtigt sind.

Sehr schöne Käfer mit Fernlenkung als Polizei- und Feuerwehrmodell stellte auch die Firma Schuco in dieser Zeit her, beispielsweise den Schuco 3000.

Bei den kleineren Modellen bekam Wiking ernsthafte Konkurrenz, so zum Beispiel von Lego (Dänemark) und EKO (Spanien).

Große Mengen im Maßstab 1:60 wurden in den 60er Jahren von den Firmen Matchbox (Lesney) und Siku auf den Markt gebracht.

Das gilt auch für die Modelle im Maßstab 1:43, wobei folgende Firmen sauber gearbeitete Käfer-Modelle im Angebot hatten: GAMA (D), Corgi (GB), Norev (F), Dinky (GB), Tekno (DK), Schuco (D), Tootsie (USA) und Spot On (GB). Zu diesen Firmen darf man aus der jüngeren Zeit auch Mebetoys (Italien) und Kado (Japan) zählen.

Im Maßstab 1:25 (160 mm lang) setzte wiederum GAMA aus Deutschland mit seinem 1302 und 1303 neue Maßstäbe, die jedoch auch von den Firmen Polistil und Mebetoys erreicht werden.

Neben den vielen Modellen im Spritzgußverfahren gibt es auch jede Menge Käfer-Modelle aus Kunststoff, deren Herkunftsländer meistens Hongkong oder Thailand sind. Darüberhinaus gibt es unzählige Käfer-Blech-Modelle in den verschiedensten Größen aus Japan, Taiwan, USA und China. Und täglich kommen neue hinzu. Denn während die Käfer-Produktion jährlich abnimmt, feiert der Käfer als Modell eine neue Renaissance. So kam 1984 aus Japan ein besonders schönes Modell auf den Markt: der Käfer als Roboter.

Nicht zu kaufen gibt es ein Modell, das Major Hirst zu seinem Abschied überreicht wurde. Hirst war nach dem Krieg für das VW-Werk verantwortlich und hat großen Anteil daran, daß das Werk trotz starker Kriegseinwirkungen Käfer produzieren konnte. Als Hirst 1949 von Nordhoff verabschiedet wurde, wollte der VW-Chef als Dank für die guten Dienste Hirst einen Käfer überreichen. Major Hirst lehnte ab. Daraufhin ließ Nordhoff von seinen Technikern ein maßstabsgetreues Modell (ca. 40 cm lang) mit allen Einzelheiten und in handwerklich einmaliger Qualität nachbauen. Das wohl schönste und teuerste Käfer-Modell ist noch im Besitz von Major Hirst.

Das starke Interesse vor allem an alten Käfer-Modellen hat dazu geführt, daß die Floh-Märkte von den kleinen Spielzeugautos geradezu leergefegt sind. Nur ganz selten noch werden unbespielte Käfer-Modelle auf Speichern oder in alten Ladengeschäften entdeckt. Die guten alten Stücke werden fast nur noch im Tausch oder zu hohen Preisen gehandelt.

Erfolgreichste Käfer-Sammler in Deutschland dürften Volkmar Jungk aus Neubiberg und Klaus D. Moritz aus Wolfsburg sein. Im Lauf der Jahre hat der Rentner Jungk über tausend Käfer zusammengetragen. Angefangen hatte es damit, daß seine Söhne in das Alter kamen, in dem man als Junge vom Auto träumt, aber nicht mehr mit seinen Mini-Autos spielt. Volkmar Jungk legte das Spielzeug zur Seite und schuf so, eher unbeabsichtigt, den Grundstein zur heutigen Sammlung.

Spezialist für Blechspielzeug ist unter anderem Rudger Huber (Altendorf), der mit altem Blechspielzeug handelt und über aktuelle Preise Auskunft geben kann. Da die alten Käfer-Modelle hoch gehandelt werden, ist beim Kauf Vorsicht geboten und Sachkenntnis notwendig, denn die ersten Nachbildungen sind schon auf dem Markt. Die Sammlerleidenschaft hat schon manchen Werksbesucher zum Langfinger werden lassen. So wundert sich das VW-Werk seit geraumer Zeit über den ständig steigenden Schwund an hauseigenen Käfer-Modellen. Die Käfer sind Bestandteil eines großen Werk-Modells, das in der Besucherhalle aufgestellt ist. Auf den Parkplätzen dieses Modells stehen, wie könnte es anders sein, tausende Käfer aus Plastik, die kleinsten (8 mm lang), die bekannt sind. Und obwohl die Mini-Käfer mit Marken-Klebstoff an der Grundplatte befestigt sind, schrecken Sammler und Souvenirjäger nicht davor zurück, immer größere Lücken in die sauber aufgereihte Mini-Käfer-Parade zu reißen.

Käfer-Variationen – aus denen nichts wurde

Als das Volkswagenwerk fast ausschließlich den Käfer produzierte, wurden die Stimmen immer lauter, die nach einem neuen, »modernen« Käfer riefen. Die Presse griff das Thema gierig auf, denn so gab es zumindest mal etwas anderes über den Käfer zu berichten. Auf den folgenden Seiten sind Vorschläge festgehalten, die bekannte Zeichner und Designer Ende der fünfziger und sechziger Jahre in dem Technik-Magazin »hobby« veröffentlichten. Hans A. Muth, Ernst van Husen, Klaus Bürgle und viele andere brachten ihre Ideen zu Papier, die Sie heute sicherlich mit einem leichten Schmunzeln betrachten werden. Hobby-Auto-Redakteur Heinz Kranz schrieb damals: »Natürlich ist im VW immer noch Platz für vier Personen. Sein Dach ist stabil genug, um viel Gepäck auf einem Gepäckträger aufzunehmen. Doch ist das nicht der Raum, der nach heutigen Begriffen in einem Fahrzeug der 1,2-Liter-Klasse vorhanden sein müßte. Insbesondere fehlt das, was man bei anderen Wagen Kofferraum nennt.« Neben diesem immer wiederkehrenden Kritikpunkt am Käfer beschäftigte man sich allerdings inbrünstig mit der Frage nach der Zukunft und dem Überleben des Käfers.

In den verschiedensten Zeitungen und Zeitschriften wurde zu Ideen-Wettbewerben aufgerufen. Doch was von den Lesern eingesandt wurde, war kaum umsetzbar und heizte nur die Emotionen an. Der Käfer-Fan Mac Donald aus Amerika schrieb an seine Zeitung: »Der VW ist das schönste Stück Häßlichkeit auf den Straßen. Warum etwas an ihm ändern?« Wesentlich positiver sagte es Ira H. Blae aus Kalifornien in einem Telegramm an eine Auto-Zeitung: »Ihr Möchtegern-Stilisten! Legt eure Federn hin! Zerstört keine einzige Linie! Der Volkswagen war 1940 perfekt und wird es auch 1999 noch sein!«

Für diese Weitsicht kann man Ira H. Blae nur dankbar sein. Denn während die Möchtegern-Stilisten mit ihren Entwürfen und Vorschlägen längst in Vergessenheit geraten sind, wird der Käfer nach wie vor in fast unveränderter Form in Mexiko und Brasilien produziert.

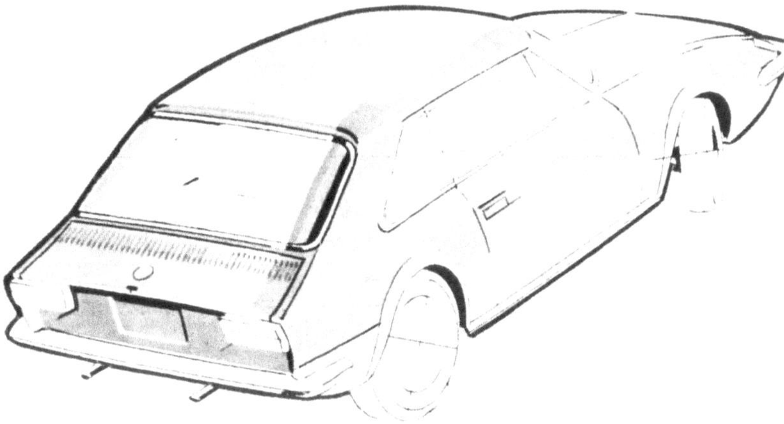

VW 1300 Limousine. Entwurfszeichnung von Klaus Bürgle (1967).

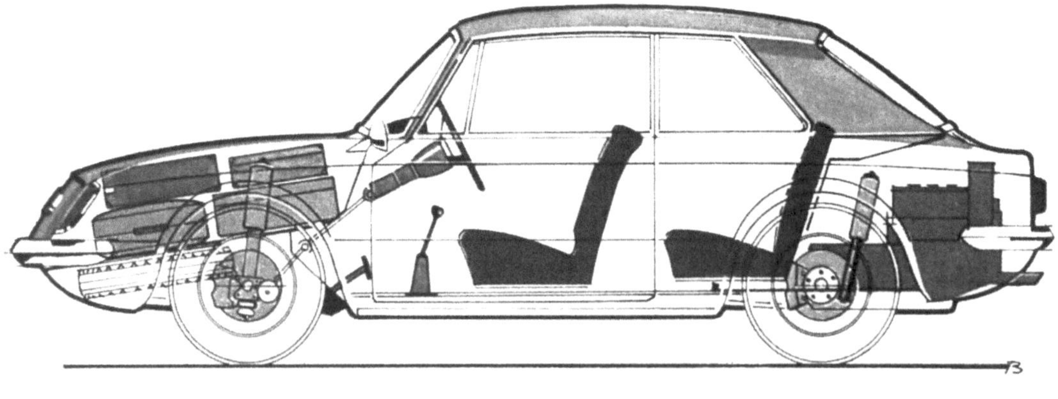

VW 1300 Limousine.
Entwurfszeichnung
von Ernst van Husen (1967).

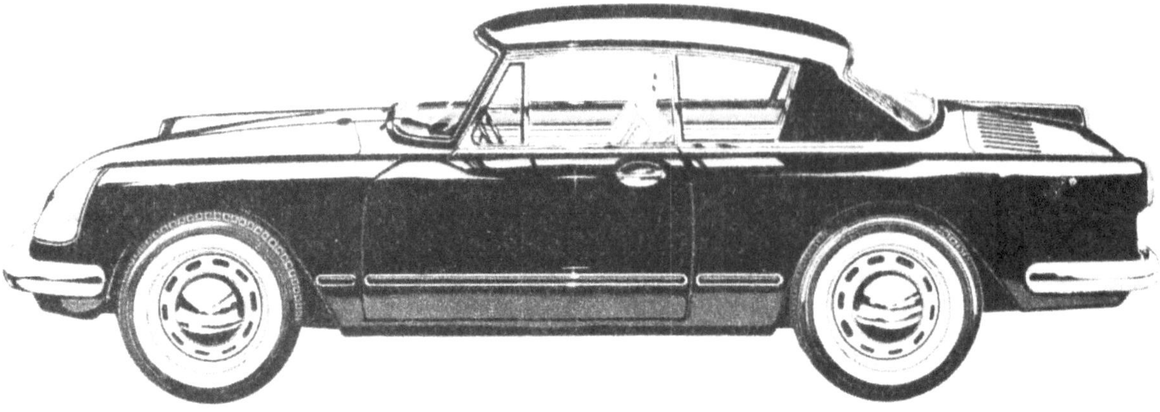

VW 1300 Limousine. Entwurfszeichnung von Hans A. Muth (1967).

VW-Limousine. Entwurfszeichnung von Carlo Demand (1964).

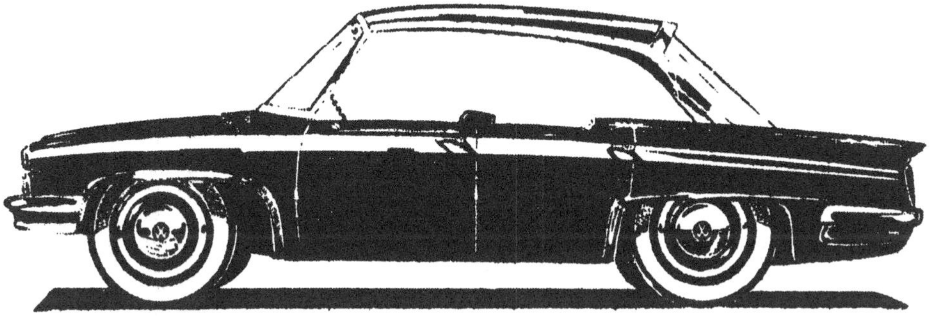

Entwurfszeichnungen verschiedener Amerikaner für einen Käfer-Nachfolger (1957).

Der Käfer im Film

Mitte der siebziger Jahre kamen zwei Filme in die deutschen Kinos, die großen Erfolg bei allen Bevölkerungsschichten hatten. Ein Film entstand in Deutschland, der andere in den USA, doch beide hatten einen gemeinsamen Hauptdarsteller: den Käfer.

Das weltbekannte Film-Produktionsunternehmen des amerikanischen Tier- und Kinderfreundes Walt Disney nannte seinen Star »Herbie«, einen weißen Käfer mit der Nummer 53 und einmaligen Fähigkeiten, die weltweit die Filmbesucher zum Staunen brachten. Und die deutsche Barbara Film GmbH rüstete ihren recht serienmäßig dreinschauenden »Dudu« mit etlichen technischen Finessen aus, die den gelben Käfer per Düsenaggregat fliegen lassen konnte oder ihm durch eine Hydraulik im Stand ein gekonntes Wendemanöver ermöglichten. Natürlich handelte es sich dabei vornehmlich um Filmtricks, doch viele Eigenschaften beruhten auf technischen Fähigkeiten, die sich der Filmproduzent, Regisseur, Hauptdarsteller und Drehbuchautor R. Zehetgruber für seinen Film »Käfer auf Extratour« ausgedacht hatte.

Dudu besitzt über 100 technische Eigenschaften, die zum Teil so interessant sind, daß sie auch bei einem Serien-Käfer nützlich wären. Zum Beispiel die Stoßstangen, die sich beim Andocken zusammenschieben und mit einem lauten Hupkonzert melden, und dadurch zum Bremsen auffordern. Dudu hat auch ein Herz für jene, die selbst bei einer großen Parklücke Einpark-Schwierigkeiten haben: Dudu winkelt einfach die Räder um 90 Grad an und schafft es so problemlos. Gelöst wird das Park-Problem mit einer Hydraulik, die die Spur des Käfers auf über zwei Meter vergrößert und alle vier Räder gleichzeitig anwinkelt.

Bei schwierigen Wendemanövern fährt Dudu einfach seine Mittelhydraulik bis auf eine Höhe von 2,50 Meter aus und dreht im Stand. Muß er dagegen bei einer wilden Verfolgungsjagd auf einspuriger Straße einen Wagen überholen, wird das Düsenaggregat eingeschaltet, wodurch der Käfer in die Höhe steigt und über den vorausfahrenden Wagen hinwegschwebt. Will Dudu jedoch Benzin sparen oder Anhalter spielen, läßt er sich einfach auf ein Wagendach nieder und saugt sich dort mittels seiner vier Saugnäpfe fest.

Bei diesen Gags hat der Regisseur natürlich tief in die unerschöpfliche Film-Trickkiste gegriffen. Echt dagegen ist der Einfall, mit dem Käfer durch die Elbe zu schippern. Das kann man, wenn alle Löcher verstopft sind. Überhaupt gab es für diesen Film nicht nur einen Dudu; in bestimmten Szenen ließ sich der vierrädrige Star gar doubeln...

Der Käfer mit Herz und Muskeln

Auch »Herbie«, jener sagenumwobene perlweiße Auto-Star aus der weltberühmten Walt Disney-Produktion »Ein toller Käfer«, kam bei seinen irren Kunststücken nicht ohne Zweitexemplar aus. Dieser Film, Anfang der 70er Jahre entstanden, ist das schönste und ohne Frage lustigste Denkmal, das man dem Original-Volkswagen überhaupt setzen konnte: Er begeisterte mit seinem Witz und Charme Millionen Kino-Fans in aller Welt.

Der »tolle Käfer« des Regisseurs Robert Stevenson (nach einem Drehbuch von Bill Walsh und Don Da Gradi) war ein ganz besonderes Exemplar. Er suchte sich seinen Herrn und Meister nämlich höchst persönlich aus: den Rennfahrer Jim Douglas (Dean Jones), vor dessen Haustür er aus eigenem Antrieb und völlig unvermutet auftaucht.

Oben: Ein Düsenaggregat läßt den Film-Käfer Dudu in die Lüfte steigen. Was die Filmbesucher nicht sehen, ist das Seil, an dem der Käfer hängt.

Mitte: Dudu kann die Räder um 90 Grad anwinkeln und so auch aus der kleinsten Parklücke entrinnen.

Unten: Dudu findet auch ohne Fahrer seinen Weg. Eine Fernsehkamera und ein Bildschirm machen es möglich. Durch eine kleine Klappe in der vorderen Haube wird das Straßenbild auf einen Bildschirm übertragen, der Fahrer liegt auf dem Fahrzeugboden.

Eine der wildesten Szenen im Herbie-Film. Der Käfer rast seitlich auf zwei Rädern seinem Kontrahenten davon.

Beflügelt von einem starken Bus-Motor gelangen Herbie schnelle Starts auf zwei Rädern.

Selbst größere Klippen sind für Herbie kein unüberwind
Hindernis.

Automechaniker-Freund Tennessee (Buddy Hakkett) ist in den perlweißen Käfer auf vier munteren Rädern sofort verliebt und gibt ihm den Kosenamen »Herbie«.
Herbie beantwortet Freundschaft mit Freundschaft: Er gefällt sich in den verrücktesten Kapriolen, um seinen Besitzern bei zahlreichen Rennen zum Sieg zu verhelfen. Kavalierstarts praktiziert er grundsätzlich nur auf qualmenden Hinterrädern; einem versnobten Rennfahrer-Rivalen spritzt er aus dem Auspuff Schlagsahne ins verblüffte Gesicht; einen wunderschönen Superschlitten, den sich sein Besitzer Jim in einem Anfall von Größenwahn angeschafft hat, fährt Herbie aus Eifersucht zu Schrott, und als es Herbie beim wichtigsten Rennen aller Rennen in zwei Stücke zerreißt, werden die beiden Käfer-Hälften dennoch Sieger – auf dem ersten und dritten Platz. Daß der ungewöhnliche Volkswagen auch noch zwischen Jim und der Autoverkäuferin Carole (Michele Lee) den Herzensbund für alle Zeiten stiftet, unterstreicht nur den menschlichen Charakter dieses so klugen und gemütvollen Vehikels.
Die Kino-Zuschauer rätseln bis heute darüber, wie Herbie seine halsbrecherischen Kunststücke fertigbrachte. Wenn die Film-Produktion auch nicht alle Geheimnisse und Tricks verraten hat, so ist doch einiges aus dem technischen Nähkästchen durchgesickert: Der Film-Herbie hatte nicht die serienmäßigen 40 PS unter der Heckhaube, sondern wurde für seine rasanten Fahrten mal von einem Porsche-, mal von einem starken Omnibus-Motor angetrieben, die ihn immerhin bis 190 km/h schnell machten. Das Fahrwerk wurde mit Porsche-Bremsen, Koni-Stoßdämpfern, Stabilisatoren, einer verbreiterten Hinterachse und breiten Felgen mit Indianapolis-Rennreifen ausgerüstet. Auf diese Art ausgestattet gelangen Herbie die rasantesten Fahrten über Stock und Stein oder gar seitlich – auf nur zwei Rädern. Parallel zum Herbie-Film gab es in jeder Form »Zubehör« mit dem Aufdruck »Ein toller Käfer«, das über die VW-Händler vertrieben wurde: Ein Modellauto zum Selberbauen von Revell, ein Herbie-Modell von Politoys, Malbücher, eine Schallplatte vom Walt Disney Musik-Verlag, ein Comic-Magazin vom Ehapa-Verlag, Freundschaftsketten, Schlüsselanhänger, ein Plastik-Auto-Kissen, Pullis und ein Brettspiel.

Der Käfer als das beliebteste Tuning-Objekt

Aus heutiger Sicht gilt die gesamte Konstruktion des bis heute erfolgreichsten Automobils der Welt als ebenso genial wie hoffnungslos rückständig. Sowohl der Motoraufbau als auch das Fahrwerk oder die unverwechselbare Karosserie des VW Käfers entsprechen heute auch nur noch annähernd den technischen Vorstellungen von einem Individual-Fahrzeug im Zeitalter der alle Funktionen steuernden und überwachenden Elektronik, der Diesel-Turbolader-Triebwerke, der Raumlenkerachsen, des Vierradantriebs und der immer gleichförmigeren Keilform-Außenhüllen mit niedrigen c_w-Werten. Und kein Techniker oder Designer der 80er Jahre käme auf die Idee, einen Käfer schneller zu machen oder ihm sportliche Fahreigenschaften anzuerziehen. Es sei denn, er ist in das vierrädrige Krabbeltier verliebt und auf dem Nostalgie-Trip. Vor nur wenig mehr als zehn Jahren, Anfang der siebziger, als die Formel V auf europäischen Rennstrecken ihren Siegeszug antrat, war das anders: Kaum ein Volkswagenhändler in Deutschland, in dessen Werkstatt nicht ein wie auch immer frisierter Käfer stand und dokumentierte, daß auch hier das Tuning-Fieber grassierte.

Es war der Höhepunkt einer Epoche, die 1951 mit dem Okrasa-Tuning des hessischen Diplom-Ingenieurs Gerhard Oettinger begann und die den Käfer bis etwa 1975 zum beliebtesten Auto für technische Tüftler und leistungsbesessene Schrauber gemacht hat. Käfer-Tuning war damals eine Art automobile Lebensphilosophie, denn Erfolge im motorsportlichen Wettbewerb ließen sich bis auf wenige Ausnahmen auch mit

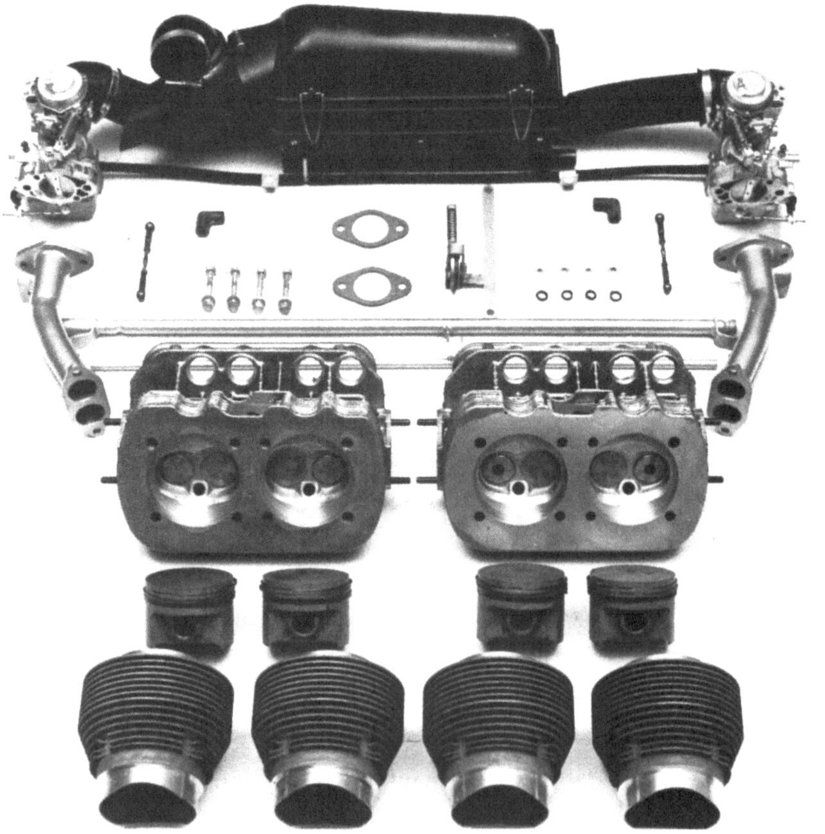

Ein typisches Tuning-Paket für den Käfer-Motor: Größere Zylinder und Kolben, bearbeitete Zylinderköpfe, Doppelvergaseranlage mit Doppelkanal-Ansaugrohren.

dem heißesten Käfer nicht nach Hause fahren. Darauf kam es auch gar nicht an. Es waren vielmehr Spaß am Schrauben und ein unausgeschriebener Wettbewerb angesagt: Wer hat den schnellsten, stärksten, schönsten Käfer?

Beschleunigung und Höchstgeschwindigkeit, Querschnitte von Ein- und Auslaßkanälen, Verdichtungsverhältnis, Düsenbestückung der Vergaseranlage, Nockenwellen-Steuerzeiten, Zug- und Druckstufe der Stoßdämpfer, Pendel- oder Schräglenker-Hinterachse, Sturz und Spur, Reifendimension und Felgengröße – das war der Stoff, aus dem die Tuning-Träume der Käfer-Fans waren. Nicht wie heute, wo unter Tuning zumeist die sündhaft teure Installation von Super-Stereo-Anlagen, schicken Leichtmetallfelgen und einem ganzen Arsenal von Spoilern und Schürzen verstanden wird.

Bei den Käfer-Fahrern war, verständlicherweise, vor allem mehr Leistung gefragt, obwohl der luftgekühlte Boxermotor für kräftige Mehr-PS eigentlich eher ungeeignet ist. Doch darin muß für die vielen Bastler und professionellen Tuning-Betriebe wie Oettinger, Decker, Sauer, Riechert, Willibald oder Mahag auch der besondere Reiz gelegen haben.

Der ebenso schwere wie aufwendige Ventilantrieb des Vierzylinder-Boxermotors mit zentraler Nockenwelle über lange Stößelstangen und Kipphebel stand einer großzügigen Leistungssteigerung ebenso im Wege wie das viel Leistung schluckende Kühlgebläse oder auch die langen und damit verlustreichen Ansaugwege vom zentralen Einzelvergaser hin zu den beiden gegenüberliegenden Zylinderköpfen, die zunächst auch nur einen gemeinsamen Einlaßkanal für jeweils zwei Brennräume hatten. Die Fahrwerkskonstruktion mit der wohl widerstandsfähigen, aber kurvenunwilligen Kurbellenker-Vorderachse, der zu starkem Übersteuern veranlagten hinteren Pendelachse, gepaart mit ausgeprägtem positiven Sturz an den Hinterrädern und nicht gerade üppig dimensionierten Trommelbremsen an allen vier Rädern machten bei einer Leistungssteigerung des Motors umfangreiche Eingriffe am Fahrwerk erforderlich.

Die Modifikationen in den 50er- und auch noch bis in die 60er-Jahre hinein beschränkten sich auf Maßnahmen, die kaum der Rede wert waren, zumal auch der TÜV der Leistungssteigerung von Käfern, die noch mit der Pendelachse ausgestattet waren, deutliche Grenzen setzte: Die Höchstgeschwindigkeit des Alt-Käfers durfte 135 km/h nicht überschreiten, wobei die Verwendung von Gürtelreifen, der Einbau eines vorderen Stabilisators und eines Lenkungsdämpfers bereits vorgeschrieben waren und die beiden vorderen Trommelbremsen mindestens einen Durchmesser von 230 mm haben mußten.

Die ersten ernstzunehmenden Tuning-Versuche am Käfer unternahm die in Friedrichsdorf bei Bad Homburg im Taunus beheimatete Firma Oettinger, die schon für den alten 1200-ccm/25-PS-Motor einen völlig neuen, mit zwei getrennten Einlaßkanälen ausgestatteten Zylinderkopf und eine kräftiger dimensionierte Chrom-Molybdän-Kurbelwelle entwickelte. In Verbindung mit einer Zweivergaseranlage wurden für die ersten leistungsgesteigerten Käfer immerhin zwischen 38 und 40 PS mobilisiert. So richtig interessant aber wurde das Käfer-Tuning erst ab etwa 1966, als serienmäßig in die stärksten Modelle Scheibenbremsen eingebaut wurden und eine Ausgleichfeder an der Pendelhinterachse für deutlich bessere Fahreigenschaften sorgte. Die heißbegehrte Schräglenker-Hinterachse gab es damals nur für die Automatik-Version und später dann (ab 1970) für die 1302-Käfer, die auch mit einer fortschrittlichen Federbein-Vorderachse ausgerüstet waren.

In den Glanzzeiten der Käfer-Tuning-Ära (um 1970) wurden Kraft-Pakete auf die Straße losgelassen und auch zugelassen, die bis zu zwei Liter Hubraum hatten und zum Teil deutlich über 100 PS leisteten.

Als 1975 nach den Werksferien nur noch die gute, alte und natürlich billigere Pendel-Hinterachse und die Kurbellenker-Vorderachse – mit Ausnahme der Cabrio-Version – für alle Käfer-Modelle angeboten wurde und man drei Jahre später die Käfer-Produktion in Deutschland gänzlich einstellte, ließ auch das Tuning-Interesse deutlich nach.
Von den großen und erfolgreichen Betrieben, die sich mit dem Frisieren des Käfers einen Namen gemacht haben, bieten heute nur noch wenige Tuner leistungssteigernde Teile für den Käfer an.

Tuning: Eine Wissenschaft für sich

Tuning heißt nicht nur einfach schneller machen. Der Begriff stammt aus dem Englischen (to tune – abstimmen) und umschreibt im Zusammenhang mit dem Automobil zunächst einmal die technische, heutzutage jedoch mehr und mehr auch die optische Veränderung des Fahrzeugs. Das ist natürlich leichter gesagt als getan. Denn außer Geld, technischem Wissen, gutem Werkzeug und viel Geduld ist auch eine profunde Kenntnis der Straßenverkehrszulassungsordnung erforderlich. Käfer-Tuner – ob professionelle oder Hobby-Bastler – konnten ein Lied davon singen: Unzählige Vorschriften machten es ziemlich mühsam, bei einem einigermaßen vertretbaren Verhältnis von Aufwand und Ergebnis für ein verändertes Auto auch eine Straßenzulassung zu bekommen. Das konnte echte Käfer-Fans freilich nicht schrecken: Mehr als andere Autos dieser Zeit reizte der Ur-Volkswagen zum Ausprobieren, Experimentieren und Vertiefen kraftfahrzeugtechnischer Zusammenhänge. Der Spaß am Schrauben und Fahren stand im Vordergrund, die Frage nach der Wirtschaftlichkeit und dem erforderlichen Zeitaufwand wurde möglichst nicht gestellt. Zumal sich der Käfer-Besitzer auch mit dem Argument beruhigen konnte, daß aufgrund der Großserienfertigung die Preise für Käfer-Ersatzteile verhältnismäßig niedrig waren.
Für den, der sich entschlossen hatte, Hand an seinen Käfer zu legen, war zumindest guter Rat nicht teuer: Nahezu alle auf dem Markt befindlichen Auto-Zeitschriften veröffentlichten mehr oder weniger praxisnahe Tuning-Anleitungen und auch hilfreiche Fachbücher erschienen zu dem Thema, das offenbar ein Geschäft zu werden versprach. Gleichzeitig etablierten sich in kurzer Zeit gut und gerne zehn Betriebe in ganz

1973 startete die Zeitschrift GUTE FAHRT eine vielbeachtete Tuningserie. Erstmals wurden Grundlagen für ein sportlich abgestimmtes Fahrwerk und für ein sinnvolles Motor-Tuning erarbeitet.

Deutschland, die sich aufs Käfer-Frisieren spezialisiert hatten und ganze Umbausätze sowie Tuning-Teile in reicher Auswahl feilboten: Von der sauber eingestellten Doppelvergaseranlage über polierte und abgeschliffene Zylinderköpfe, schärfere Nockenwellen und leichtere Ventile bis hin zu komplett bearbeiteten Triebwerken mit größerem Hubraum. Die Profi-Tuner lieferten praktisch alles, was mehr Freude am Käferfahren versprach.

In erster Linie galten Tuning-Arbeiten dem Motor, der wegen der schon beschriebenen Unzulänglichkeiten hinsichtlich hoher Leistungsausbeute zahlreiche Möglichkeiten des Eingriffs bot. Die erste, einfachste und auch billigste Tuningstufe – besser wohl als Verbesserung des Serienzustands zu bezeichnen – zielte im wesentlichen auf die optimale Einstellung von Ventilen, Vergaser und Zündanlage ab. Diese Maßnahmen führten zwar erwartungsgemäß nicht zu einer bemerkenswerten Leistungssteigerung, sondern sollten das Erreichen der vom Hersteller vorgegebenen Toleranzgrenze ermöglichen. Zudem ist bekanntlich ein exakt und optimal eingestellter Motor Grundvoraussetzung für alles Weitere.

Erster Schritt war die sachgemäße Überprüfung der Kompression aller vier Zylinder, was in jedem Fall Aufschluß über den Gesamtzustand und die Leistungsfähigkeit der Maschine gab. Um bei dieser Prüfung ein optimales Ergebnis zu erzielen, mußte das Ventilspiel aller acht Ventile vorher kontrolliert und gegebenenfalls nach den vom Werk vorgeschriebenen Werten korrigiert werden. Die genaue Justierung des Zündzeitpunkts, das Auswechseln der Unterbrecherkontakte konnten gepaart mit neuen Zündkerzen und dem Einbau einer Hochleistungszündspule in bescheidenem Maße zusätzlich zur Ausnutzung der vorhandenen Leistungsreserven beitragen.

Natürlich gehörte dazu auch die Überprüfung des Vergasers, dessen Flanschanschluß am Saugrohr ebenso hundertprozentig dicht sein mußte, wie die Verbindung des Saugrohres mit dem Einlaß-Flansch am Zylinderkopf. Um saubere Übergänge beim Gaswechsel zu garantieren, war die exakte Einstellung der Leerlaufdrehzahl ebenso wichtig wie die der Einspritzmenge der Beschleunigerpumpe.

Soweit der Grundkurs, den jeder erfahrene Tuner und der, der es werden wollte, selbst im Schlaf durchführen können mußte. Wer nämlich schon bei diesen Basis-Handgriffen Schwierigkeiten hatte, der war besser beraten, sich gleich Fix-und-Fertig-Getuntes zu erwerben. Denn schon die einfachste Art der Leistungssteigerung des Käfer-Motors forderte mehr manuelles Geschick:

…n einfacher Weg, die Verdichtung zu erhöhen, gelingt mit Mahle-Sporotherm-Kolben. Sie erhöhen die Verdichtung auf 8,4:1.

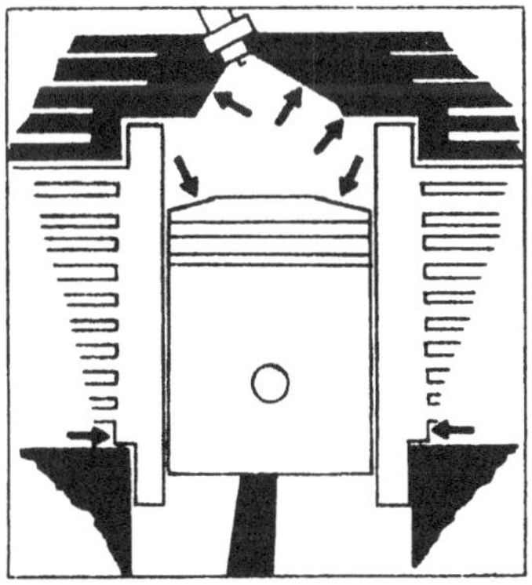

Hegglin spitzt die Kolben an, fräst vom Zylinderfuß 5 Millimeter ab und versieht die Zylinderköpfe mit einem neuen Brennraumprofil.

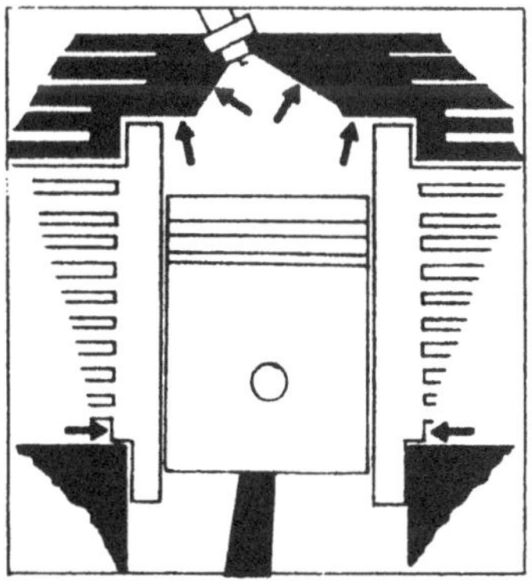

Decker nimmt vom Zylinderfuß ab, sticht die Köpfe aus, setzt sie tiefer und paßt den Brennraum den neuen Verhältnissen an.

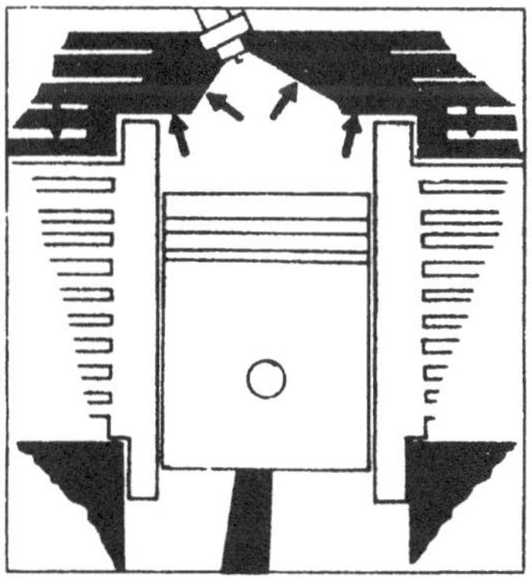

Sauer bearbeitet nur die Zylinderköpfe. Vom Zylinderkopf wird eine Rippe abgenommen und der Brennraum ganz neu gestaltet.

Das Auswechseln der beiden inneren Kipphebel für die Betätigung der Einlaßventile gegen solche mit größerem Übersetzungsverhältnis. Das brachte ohne Austausch der Nockenwelle eine bessere Füllung über den gesamten Drehzahlbereich, weil der Ventilhub leicht vergrößert wurde. Auch eine weitere Einfachst-Maßnahme, die Vorverlegung des serienmäßig vorgegebenen Zündzeitpunkts um etwa 2 bis 2,5 Grad, verlangte Fingerspitzengefühl. Eine leichte Leistungserhöhung ließ sich auch durch den Einbau einer größeren Hauptdüse kombiniert mit einer kleineren Luftkorrekturdüse in den Serienvergaser erzielen, wobei auch hier nur die sensible Abstimmung aller Vergaserteile aufeinander den gewünschten Erfolg brachte. Zusätzlich zu diesen Arbeiten, die alle noch bei eingebautem Motor durchgeführt werden konnten, ließen sich einige wenige Pferdestärken durch die Montage einer Spezial-Auspuffanlage gewinnen. Neben nur sehr geringem Leistungszuwachs versprechenden Tricks (z. B. Austausch des Ölbad-Luftfilters gegen einen widerstandsärmeren Naßluftilter) war im Grunde nur noch eine, dafür aber recht wirksame Veränderung bei eingebautem Motor möglich: Das Auswechseln der gesamten Gemischaufbereitungsanlage einschließlich des komplizierten und engen »Hirschgeweih«-Saugrohres gegen eine zünftige Zwei- oder gar Doppelvergaser-Batterie mit kurzen, geradlinigen Saugrohrstutzen. An diesem Punkt ging das Käfer-Tuning erst richtig los.

Mit zunehmender Verdichtung waren die Zylinderkopfschrauben nicht selten überfordert, der Motor blies zwischen Zylinder und Zylinderkopf ab.

Zur Sache: Mehr Hubraum, höhere Verdichtung

Die Zwei- oder vor allem die Doppelvergaseranlage in ihren gebräuchlichsten Versionen (zwei Einfachvergaser Typ Solex 34 PCI oder die Zenith 36 NDIX-Doppelvergaser) stellten nicht nur den ersten Schritt zum echten Käfer-Tuning dar, sondern bedeuteten vornehmlich für die Hobby-Tuner auch oft den letzten. Allerhöchstens noch kombiniert mit einer speziellen Auspuffanlage, brachte die zweigeteilte Gasfabrik je nach Größe und Zustand des Motors zwischen 10 und 20 Prozent Mehrleistung, die sich in einem satteren Geräusch, deutlich besseren Beschleunigungswerten und einer bis zu zehn km/h höheren Spitzengeschwindigkeit zum Ausdruck brachte. Damit war die große Masse der Heim-Tuner zufrieden, zumal der Umbau beim Öffnen der Heckklappe auch optisch etwas hermachte, mit insgesamt vielleicht 800 bis 1000 Mark Teilekosten nicht zu teuer geriet und meist auch keine Zulassungsschwierigkeiten bereitete, da die wichtigsten geeigneten Vergaser- und Abgasanlagen über eine Allgemeine Betriebserlaubnis (ABE) verfügten. Darüber hinaus war diese erste echte Tuning-Stufe von jedem durchschnittlich

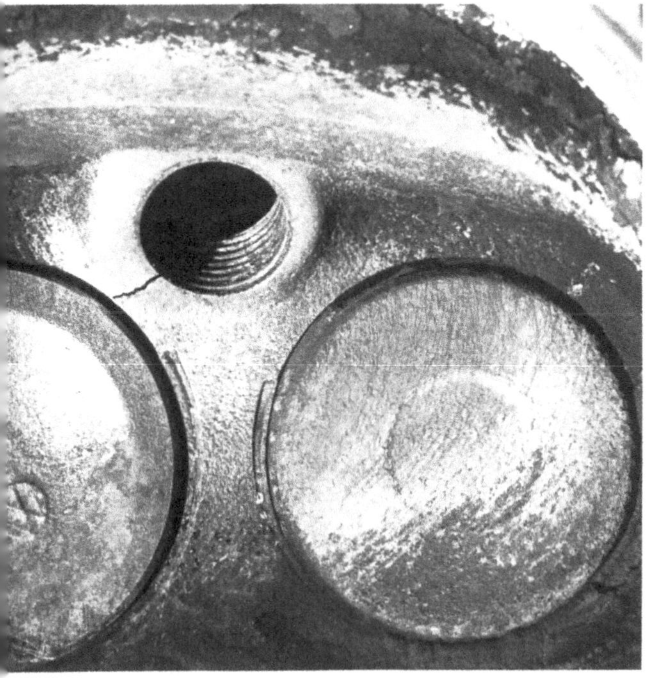

Aufgrund der großen Hitzeentwicklung im Motor, riß nicht selten bei getunten Motoren der Steg zwischen Zündkerze und Ventil.

begabten Handwerker eigenhändig ohne Motorausbau durchführbar und natürlich auch – etwa beim Verkauf des Wagens – leicht wieder rückgängig zu machen.

Zur Sache ging's erst, wenn die Erhöhung der Verdichtung oder des Hubraums in Erwägung gezogen wurde. Für solch fundamentale Vorhaben war dann erstmals die Entfernung des Motors aus dem Auto und später auch die mehr oder weniger vollständige Zerlegung des Triebwerks unumgänglich. Nach übereinstimmender Ansicht aller Tuning-Experten sollten derart chirurgische Eingriffe nur Motoren zugemutet werden, die nicht mehr als 10 000 Kilometer Laufleistung hinter sich hatten. Das erschien vor allem unter dem Aspekt ratsam, da auch der als äußerst zuverlässig geltende Käfer-Motor nach einer tiefgreifenden Frisur reparaturanfälliger wurde und auf keine ebenso hohe Lebenserwartung wie sein unberührtes Serien-Pendant hoffen durfte. Die konstruktionsbedingten Mängel des luftgekühlten Vierzylinder-Boxers forderten bei jedem Mehr-PS entsprechend frühzeitiger ihren Tribut: Der umständliche und träge Ventilantrieb verabscheute im Grunde hohe Drehzahlen und quittierte seinen Unmut nicht selten mit abgebrochenen Stößelstangen oder verbogenen Ventilen. Auch zeigten sich bei getunten Triebwerken, obwohl sie mit einer zusätzlichen Ölkühl-Anlage ausgerüstet waren, immer wieder mehr oder weniger feine Risse im Zylinderkopf, der ganz besonders unter der erhöhten thermischen Belastung zu leiden hatte. Ein gut eingefahrener Käfer-Motor konnte jedoch durchaus einige gravierende Modifikationen über sich ergehen lassen, ohne gleich nach den ersten paar tausend Kilometern den Geist aufzugeben. Einem mittels höherer Verdichtung (etwa 8,8:1) und einer Doppelvergaseranlage auf 75 PS getunten Käfer-Motor konnten bei vernünftiger Fahrweise und zusätzlicher Ölkühlung etwa 60 000 Kilometer Laufleistung zugetraut werden.

Daß Hubraum durch nichts zu ersetzen ist, war auch schon zu Käfer-Tuning-Zeiten anerkannt gültige Meinung in Fachkreisen. Nichts erhöht die Leistung und vor allem das Drehmoment eines Verbrennungsmotors sicherer und umkomplizierter als die Erhöhung seines Arbeitsvolumens. Diese Maßnahme bot sich für das Käfer-Triebwerk schon deswegen geradezu einladend an, da bereits die Käfer-Serien-Version über vier verschiedene Hubraum-Varianten (1200, 1300, 1500 und 1600 ccm) verfügte und es entsprechend zahlreiche Zylindergrößen und Kurbelwellen gab. Da sich praktisch jede Kurbelwelle mit verschieden großem Hub (bis zu 82 mm, Serie: 64 mm beim 1200-ccm/34-PS-Basismotor) mit allen Zylinder- und Kolbengrößen (bis zu 92 mm Bohrung-Durchmesser, Serie: 77 mm) kombinieren ließ, konnten mit Serienteilen und den Spezialanfertigungen der großen Tuning-Betriebe über 20

Löcher im Kolben waren in der Regel nicht zu vermeiden, wenn der Motor überdreht wurde und ein Ventil aufschlug.

Harte Schläge vom Ventil ließen diesen Kolben nicht überleben.

Hubraumvariationen zwischen 1200 und 2176 ccm realisiert werden. Pro 100 ccm Hubraumvergrößerung konnte ohne weitere Veränderungen mit einem Leistungszuwachs von mindestens zwei PS gerechnet werden.

Wurde außerdem die Füllung der Zylinder mittels einer Doppelvergaseranlage verbessert, stieg die Mehrleistung bei 100 ccm Hubraumvergrößerung um weitere 4 PS.

Allerdings waren bei der Erhöhung des Hubs durch andere Kurbelwellen der Konstruktion des Käfer-Motorengehäuses Grenzen gesetzt, die dazu zwangen, dem gesamten Kurbeltrieb einschließlich der Lager und Pleuel zusätzlichen Aufwand angedeihen zu lassen.

Mehr Hubraum erhöht zwar relativ unproblematisch die Leistung, aber auch den Arbeitsdruck und damit die mechanische Belastung aller Teile.

Motorschäden waren bei getunten Käfern nicht selten. Hier ein Lagerschaden an der Kurbelwelle.

Dieser allgemeingültigen Tatsache mußte gerade beim Käfer-Motor, der ja nun keineswegs als Hochleistungstriebwerk konzipiert war, Rechnung getragen werden.
Das gilt auch für die zweite, nicht weniger verbreitete Möglichkeit, Leistung und Drehmoment des Käfer-Triebwerks anzuheben: Die Erhöhung des Verdichtungsverhältnisses. Genau wie bei der Hubraumvergrößerung war auch bei diesem Weg der Griff ins VW-Ersatzteillager der bequemste Weg: Die Verdichtung ließ sich schon durch den Einbau von Serien-Kolben aus anderen Käfer-Motoren verändern. Ebenso einfach war der Einbau von vier Spezialkolben der Firma Mahle, deren höckerförmig gestaltete Kolbenböden das Verhältnis von Hub- zu Brennraum beispielsweise von 7,5:1 beim 1,6-Liter/50-PS-Motor auf 8,4:1 erhöhte und die zusammen nur knapp 200 Mark kosteten. Eine anständige und spürbare Verdichtungserhöhung ließ sich allerdings nur durch einschneidende Arbeiten erzielen: Entweder wurden am Zylinderfuß der Käfer-Einzelzylinder einige Millimeter Material abgedreht oder am Zylinderkopf oder gar beides. Da bei der Bearbeitung des Zylinderfußes mitunter der Kolben im oberen Totpunkt über die Zylinderoberkante herausragte, mußte auch der Brennraum um diesen Betrag ausgestochen werden. Jeder Tuner hatte da sein eigenes, nicht selten streng gehütetes Rezept und gestaltete einer besseren Gemischverwirbelung wegen auch gleich die Oberfläche des gesamten Brennraums neu. An dieser Stelle zeigte sich die technische Phantasie und die handwerkliche Geschicklichkeit der Frisier-Künstler besonders deutlich. Natürlich waren auch der Verdichtungserhöhung Grenzen gesetzt, da die thermische Belastung und die Druckverhältnisse nicht unerheblich mitwuchsen und dadurch zum Teil aufwendige Folge-Maßnahmen im Kurbeltrieb und bei der Motorkühlung notwendig machten.
Das bei weitem aufwendigste, dafür natürlich

Gern verwendet wurde bei getunten Motoren auch ein raumsparendes Porsche-Gebläse.

aber auch effektivste Tuning-Kapitel galt generell gesagt der Verbesserung der Brennraumfüllung. Die Maßnahmen reichten vom Einbau der bereits erwähnten Zwei- oder Doppelvergaseranlage mit kurzen und dickeren Saugrohren über die Bearbeitung der Ein- und Auslaßkanäle im Zylinderkopf sowie der Brennraumoberfläche bis hin zur Verwendung größerer Ventile und einer schärferen Nockenwelle. Ziel der zumeist nicht mehr in der Heim-Werkstatt durchzuführenden Arbeiten war die möglichst strömungsgünstige und großzügige Versorgung der Brennräume mit verbrennungsfähigem Benzin-Luft-Gemisch. Zudem wurde die erwähnte Hubraumvergrößerung und/oder die Erhöhung der Verdichtung erst im Sinne höherer Leistungsausbeute wirksam, wenn auch der Füllungsgrad entscheidend verbessert wurde.

Es gab zahlreiche Möglichkeiten, dem Käfer-Motor mehr Gemisch einzublasen:

- Kipphebel für die Einlaßventile mit einer längeren Übersetzung, um den Ventilhub zu vergrößern.
- Zwei- oder Doppelvergaser mit kurzen, unter Umständen glatt geschliffenen Saugrohren, um den Weg des Gemisches entscheidend abzukürzen und natürlich auch seine Gesamtmenge zu erhöhen.
- Erweiterung und Polieren der Einlaßkanäle als auch der Brennraumoberfläche.
- Spezielle Einlaßventile mit größerem Ventilteller-Durchmesser, die zusätzlich poliert wurden.
- »Schärfere« Nockenwelle, deren Nockenform dafür sorgte, daß die Ventile nicht nur weiter (Ventilhub), sondern auch zeitlich länger geöffnet wurden. Erreicht wurde dadurch auch eine längere Überschneidungszeit zwischen schon geöffnetem Einlaß- und noch nicht ganz geschlossenem Auslaßventil.

Gerade die scharfen Nockenwellen, die von mehreren Spezialisten (Albert, Schleicher, Schrick, Oettinger) in verschiedenen Variationen gefertigt wurden, veränderten die Leistungs-Charakteristik beim Käfer-Motor unter Umständen ganz beträchtlich: Das Drehzahlniveau stieg bei entsprechend scharfen Nocken in Regionen um 6000 Umdrehungen pro Minute und verschlechterte neben der Elastizität auch die Lebensdauer des Triebwerks ganz entscheidend. Schon durch den hohen Arbeitsaufwand beim Einbau einer neuen Nockenwelle – der Motor mußte fast vollständig zerlegt werden – war eine die Leistung und vor allem das Drehvermögen steigernde Nockenwelle nur im Zusammenhang mit anderen, bereits beschriebenen Tuning-Maßnahmen zu empfehlen. Und auch der spätere Verwendungszweck des präparierten Käfers hatte beim Thema Nockenwelle eine entscheidende Bedeutung: Für den motorsportlichen Einsatz, der Leistung ja vornehmlich im oberen Drehzahlbereich erfordert, erschien der Einbau einer scharfen Nockenwelle beim Käfer-Motor geradezu notwendig.

Doch veränderte eine solche Welle den Drehmomentverlauf derart, daß von Straßen- und Alltagstauglichkeit und einem gesunden Leerlauf – im Grunde sprichwörtliche Käfer-Eigenschaften – kaum mehr die Rede sein konnte. Wer dennoch glaubte, daß sein getunter Käfer auf eine schärfere Nockenwelle nicht verzichten konnte, dem boten die erwähnten Hersteller auch eine Auswahl an zahmeren Exemplaren an. Empfehlenswert war bei der Verwendung einer Spezial-Nokkenwelle in jedem Falle der Austausch der Stößel gegen neue Serienstößel oder gar Spezialstößel. Ebenso vorteilhaft vor allem für die Lebensdauer des bei hohen Drehzahlen stärker beanspruchten Ventiltriebs erwies sich der Einbau härterer Ventilfedern.

Gesundheit durch Kühlung

Die bisher im Grundsatz beschriebenen wichtigsten Methoden der Leistungssteigerung beim Käfer-Motor – Hubraumvergrößerung, Verdichtungserhöhung, Füllungsverbesserung – ließen sich natürlich noch durch viele kleinere Maßnahmen ergänzen. Ganz perfekte und leistungshungrige Tuner widmeten sich zum Beispiel noch der Oberflächen-Veredelung und der gleichmäßigen Ausgewogenheit der vier Pleuelstangen. Oder sie drehten der schweren Schwungscheibe so viel Material wie zumutbar ab und durchlöcherten ihren Außenkranz, um sie einer spontaneren Drehfreudigkeit wegen besonders zu erleichtern. Die elektrodynamische Auswuchtung der Kurbelwelle für einen möglichst schwingungsarmen Lauf brachte zwar nicht unbedingt mehr Leistung, tat aber dem ganzen Motor gut: Jede überflüssige Schwingung minderte schließlich die

Leistung. Einem runden, vibrationsfreien und drehfreudigen Motorlauf diente auch das gleichmäßige Abwiegen der Kolben, um gleichgewichtige zu paaren. Oder die Kolben wurden gleich gegen leichtere Spezialexemplare mit größerem Durchmesser ausgetauscht, was sich bei der Erhöhung von Hubraum und/oder Verdichtung ohnehin anbot.

Alle diese Maßnahmen – und erst recht alle zusammen – erhöhten natürlich die thermische Belastung des in diesem Punkt konstruktionsbedingt besonders empfindlichen, weil gebläsegekühlten Käfer-Motors beträchtlich. Im Sinne einer nicht zu ausgeprägten Verringerung der Lebensdauer des teuer getunten Triebwerks galt es also, auf ausreichende Kühlung und natürlich auch Schmierung aller sich bewegenden Teile ganz besonderes Augenmerk zu legen. Schmierung und Kühlung hängen beim luftgekühlten Motor bekanntlich eng zusammen, und da sich am Gebläsekühlsystem des Käfer-Motors kaum etwas verbessern ließ (außer vielleicht die Verwendung der Heckklappe des Käfer-Cabrios mit zusätzlichen Lüftungsschlitzen), mußten sich die Tuner auf die Kühlung des Motoröls konzentrieren.

Wie fast alle luftgekühlten Motoren besitzt auch das Käfer-Triebwerk serienmäßig einen Ölkühler, dessen Leistung aber für stärker getunte Motoren nicht mehr ausreichte. Die einfachste Maßnahme – sie brachte freilich nur eine Temperatur-Reduzierung um etwa fünf Grad Celsius – war der Einbau eines Nebenstromölfilters. Diese Anlage erhöhte das gesamte Ölvolumen um etwa einen Liter, das Öl wurde zusätzlich gefiltert und auf seinem Rücklauf ins Kurbelgehäuse durch eine zwei Meter lange Kühlschlange gekühlt. Ab einer Literleistung von 40 PS pro 1000 ccm Hubraum genügte diese zusätzliche Ölkühlung jedoch schon nicht mehr und machte die Installation einer Nebenstromkühlanlage erforderlich, die mit einem ausreichend dimensionierten Kühler ausgestattet durch eine zweite Ölpumpe betrieben wurde. Der zusätzliche Ölkühler selbst wurde meist unter der vorderen Stoßstange montiert.

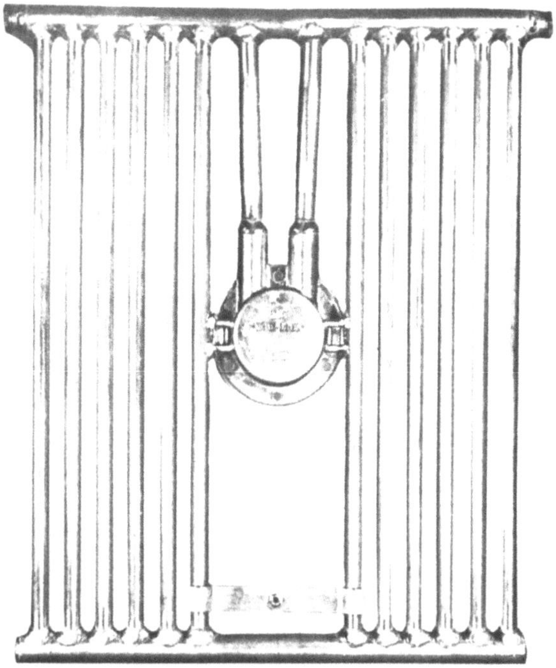

Hegglin aus der Schweiz versuchte, hohe Öltemperaturen mit einem zusätzlichen Röhrenkühler zu begrenzen.

Weniger aufwendig und etwas genialer (weil auch billiger) ließ sich das Problem der zusätzlichen Ölkühlung für einen frisierten Motor durch die Installierung einer Hauptstrom-Kühlanlage lösen: Der serienmäßige Ölkühler im Gebläsekasten wurde entfernt und als Frontölkühler verwendet, der durch zusätzliche Ölleitungen mit dem Hauptstrom-Schmiersystem verbunden wurde. Voraussetzung war natürlich der Einbau eines zuverlässig funktionierenden Thermostats. Dadurch wurde sichergestellt, daß ausschließlich gekühltes Öl den Lagern zugeführt wurde. Zudem konnte auf eine zusätzliche Ölpumpe verzichtet werden. Die Temperaturverringerung lag bei einem im Fahrtwind montierten Ölkühler bei etwa 15 Grad, bei zweien um etwa das Doppelte. Das

Eine einfache Lösung zur Reduzierung der Öltemperatur bot sich durch den zusätzlichen Einbau von serienmäßigen Ölkühlern vorn an der Stoßstange an. Allerdings muße dann auch die vorhandene Ölpumpe verstärkt werden.

reichte auch für die heißesten, noch für den normalen Straßenbetrieb vorgesehenen Tuning-Käfer aus.

War der frisierte Käfer zumindest zeitweise auch für den Einsatz im Renn- oder Rallye-Sport vorgesehen, reichte das serienmäßige Schmiersystem trotz dieser ölkühlenden Zusatzmaßnahmen jedoch nicht mehr aus: Die auftretenden hohen Beschleunigungskräfte führten zum Zusammenfallen des Öldrucks, da die Ölpumpe Luft ansaugte. Unter extremen Belastungsbedingungen konnte auch die von der Firma Decker angebotene Zusatzölwanne die Gefahr des Leersaugens kaum verringern, der Einbau einer Trocken-

Typische Zusatz-Ölkühler, wie sie von den verschiedenen Tunern vertrieben wurden.

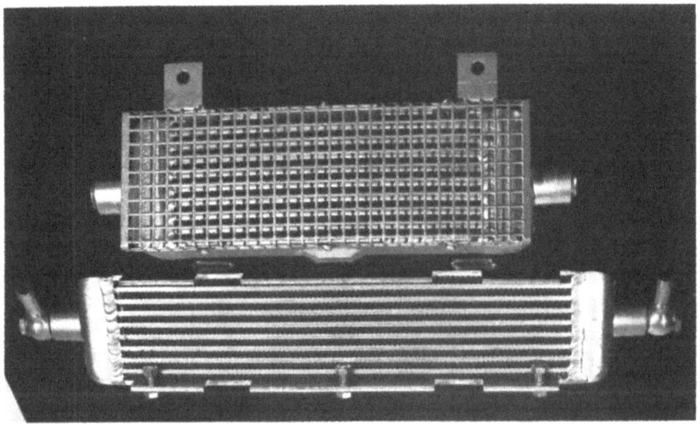

Auch dieser einfache Rohr-Kühler sollte die Temperaturen de herabsetzen. Allerdings war die Kühlleistung zu gering.

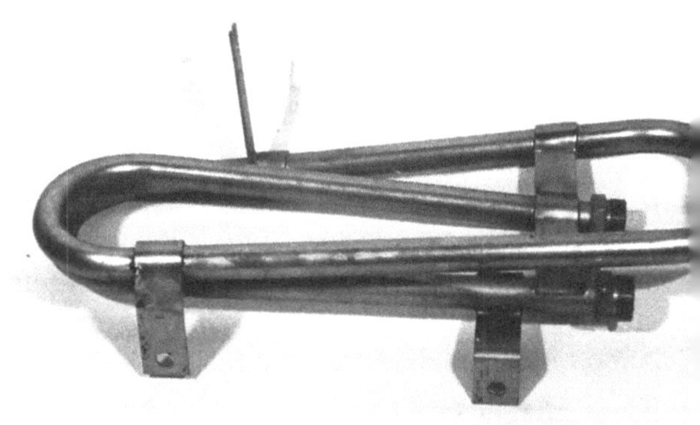

Um den Ölvorrat zu erhöhen und das Öl zu filtern, wurde von den Tunern ein Ölfilter im Motorraum installiert. Da das Öl nur im Nebenstrom gefiltert wurde, war die Installation nicht sonderlich wirkungsvoll.

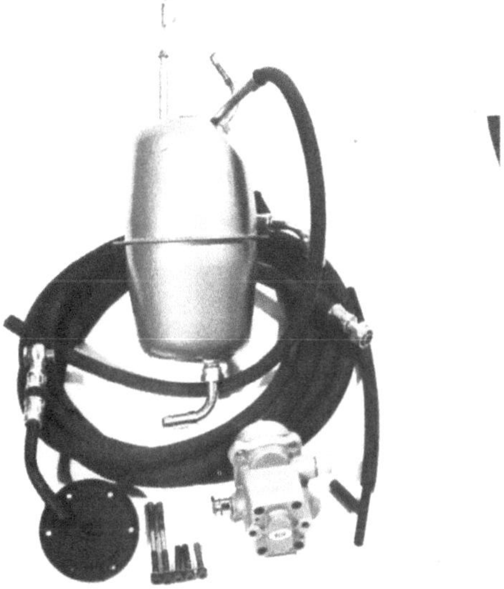

Wer seinen Käfer rennmäßig einsetzte, mußte auf eine Trockensumpfschmierung ausweichen. Der erforderliche Ölbehälter der von Decker produzierten Trockensumpfschmierung wurde hinter der Sitzbank eingebaut.

sumpfschmierung wurde erforderlich. Durch zwei unabhängig voneinander arbeitenden Ölpumpen – eine saugte das Öl aus dem Kurbeltrieb ab, die andere versorgte den Motor mit gekühltem Öl aus einem separaten Öltank – garantierte die Trockensumpfschmierung die ausreichende Zuführung des Öls an Lager und Kolben in jedem Fahrzustand. Solche Trockensumpfanlagen gab es speziell auf die Erfordernisse des Käfermotors abgestimmt von verschiedenen Tuningfirmen (Dr. Schrick, Riechert, Decker) für 600 bis 800 Mark zu kaufen.

Als letzte motorseitige Tuning-Maßnahme war die Installation einer stärkeren Kupplung anzuraten, um das gestiegene Drehmoment auch sicher übertragen zu können. Auch hier konnte man auf das reichhaltige VW-Ersatzteillager zurückgreifen, das entweder die Tellerfederkupplung vom 1,6-Liter-VW-Transporter oder die Membranfederkupplung (zum Beispiel vom VW 411) offerierte. Diese Serienteile galten als ausreichend stark dimensioniert, um auch höhere Leistungen zu verkraften.

Die bisher in ihren Grundzügen beschriebenen Möglichkeiten, den Motor des Käfers stärker zu machen, brachten je nach Aufwand und Sorgfalt der Arbeit sowie Zustand der bearbeiteten Teile eine Leistungssteigerung von über 100 Prozent: Der Essener Tuner Theo Decker baute 1972 beispielsweise ein Triebwerk, dessen Hubraum von 1,6 Liter durch eine selbstentwickelte Kurbelwelle und größere Spezialzylinder und -kolben auf zwei Liter vergrößert wurde und 105 PS bei 4700/min leistete.

Fahrsicherheit und Tuning: Straffe Beine

Bekanntlich ist auch der heißeste Motor nur so gut, wie das Auto, in das er eingebaut wurde. Ein getuntes Triebwerk macht erst dann rechte Freude, wenn das Fahrwerk auch den Einsatz der Mehrleistung erlaubt. Und in diesem Punkt gab es beim Käfer schon aus Gründen der Fahrsicherheit viel zu tun. Schließlich galt der Ur-Volkswagen als ausgeprägter Übersteuerer (»Heckschleuder«), dessen Fahrwerk zügiger Fahrweise schon im Serienzustand enge Grenzen setzte. Besonders bei älteren Käfern (mindestens bis Baujahr 1966) waren Achskonstruktionen, Bremsanlage, Reifendimension und die ganze Fahrwerksauslegung mit Federung und Dämpfung lediglich geeignet, der vorhandenen Motorleistung Herr zu werden.

Jedes Mehr-PS im Motor machte also mehr oder weniger umfangreiche Fahrwerks-Modifikationen unumgänglich. Nur die ab 1970 beziehungsweise 1972 gebauten Modelle 1302 und 1303 hatten mit der Schräglenker-Hinterachse, der Federbein-Vorderachse und den Scheibenbremsen (nur 50 PS) von Hause aus auch fahrwerksseitig ausreichende Reserven zu bieten.

Während die gesamte Kraftübertragung (Getriebe, Differential, Achsantrieb) überdimensioniert waren und nie Anlaß zur Sorge gaben, bedeutete sinnvolles (weil sicheres) Käfer-Tuning immer die Kombination von Verbesserungen an Motor und Fahrwerk gleichermaßen.

Die Bearbeitung des Fahrwerks begann bei den Bremsen und ging über die Reifenwahl und die Einstellung der Radaufhängungen bis zur Spur- und Sturz-Veränderung.

Die Anpassung der serienmäßigen Bremsanlage des Käfers an die durch ein Motor-Tuning erhöh-

1302-Motor mit Trockensumpf-Doppelölpumpe und Ölfilter im Hauptstrom von Schrick.

ten Fahrleistungen war ein heikles Thema: Zwischen 1964 und 1975 wurden nämlich werksseitig zahlreiche Änderungen und Verbesserungen an der Käfer-Bremsanlage durchgeführt, die nicht so ohne weiteres nachvollzogen werden konnten. Das heißt zum Beispiel, daß es unmöglich war, die ab 1966 im VW 1500 serienmäßig installierte Scheibenbremsanlage an der Vorderachse in Käfer einzubauen, die vor August 1965 gebaut worden waren. Alle Käfer, die vor diesem Datum hergestellt wurden und die sogenannte Bundbolzen-Vorderachse besaßen, mußten also mit den vorderen Trommelbremsen auskommen. Und selbst wenn man einen Käfer mit der Kugelgelenk-Vorderachse hatte, war die nachträgliche Umrüstung auf Scheibenbremsen sehr aufwendig. Die besten Voraussetzungen in punkto Bremsen hatten der 1500er und die Käfer mit langem Vorderwagen (1302 und 1303) und der Federbein-Vorderachse, die serienmäßig (in Verbindung mit dem 1,6-Liter/50-PS-Motor) oder auf Wunsch mit einer leistungsfähigen und auch bei starker Beanspruchung zuverlässigen Scheibenbremsanlage ausgestattet waren. Diese Edel-Käfer gab es allerdings erst ab August 1970 (1302) beziehungsweise 1972 (1303).

Besitzer und Fahrer getunter Alt-Käfer (vor Baujahr 1965) mußten mit einer Bremsanlage leben, die wohl höheren Geschwindigkeiten in ihrer Wirkung durchaus gewachsen war, die aber bei häufigem und hartem Einsatz ziemlich früh in der Leistung nachließ (»Fading«).

Die einzige, wenn auch recht teure Möglichkeit, ältere Käfer-Modelle mit besseren Bremsen auszurüsten, war der nachträgliche Einbau der Porsche-Trommelbremsen aus den Typen 356 A oder B. Sie besaßen großdimensionierte Leichtmetall-Bremstrommeln und arbeiteten vorne als Duplex-Bremsen, hatten also zwei Bremszylinder pro Bremse. Solch eine Anlage, die bei Verwendung aus dem Porsche 356 B aus Platzgründen zusätzlich den Kauf von größeren Porsche-Felgen erforderlich machte, kostete für alle vier Räder etwa 800 Mark. Dafür hatte der Käfer dann aber Bremsen, die der serienmäßigen Anlage zwar nicht so sehr in den Verzögerungswerten selbst überlegen waren als in der Standfestigkeit. Wegen ihrer Größe, ihres Materials und ihrer Beläge garantierten die Porsche-Bremsen, daß auch bei härtester Beanspruchung die Gefahr fühlbaren Nachlassens der Bremsleistung auch bei einem getunten Käfer nicht mehr bestand.

War die Anpassung der Bremsen an die höheren Geschwindigkeiten eines frisierten Käfers keine Tuning-Maßnahme im eigentlichen Sinne, so trug die Montage breiterer Reifen und Felgen doch wieder recht deutlich zur Verbesserung des Gesamtzustandes bei. Ebenso wie gute Bremsen sind bekanntlich auch gute Reifen für die Erhöhung der Fahrsicherheit verantwortlich. Und um die war es mit der serienmäßigen Bereifung an einem getunten Käfer nicht zum besten bestellt, wenn man die gebotene Mehrleistung auf der Straße auch nutzen wollte. Vor allem die Diagonalreifen, mit denen alle älteren Käfer-Modelle serienmäßig ausgerüstet waren, erreichten bei zügiger Kurvenfahrt recht früh ihre Haftgrenze. Gürtel- oder Radialreifen – heute Standard bei allen Automobilen – können aufgrund ihrer Konstruktion spürbar höhere Seitenführungskräfte bei kleinen Schräglaufwinkeln aufnehmen, haben eine geringeren Rollwiderstand und leben auch noch länger. Mit der Zeit wurde für den Käfer von der Reifenindustrie eine breite Palette verschiedener Gürtelreifen-Typen in vier zulässigen Größen angeboten: 155 SR 15, 165 SR 15, 175/70 SR 15 und 185/70 SR 15. Je nach Reifenbreite mußten auch entsprechend breitere Felgen montiert werden, was je nach Art der Felge zusätzliche Vorteile brachte: Leichtmetallräder reduzieren das Gewicht der sogenannten ungefederten Massen, und Felgen mit geringer Einpreßtiefe verbreitern die Achsspur. Beide Effekte wirken sich positiv auf die Fahreigenschaften aus. Breitere Reifen sorgen in erster Linie für die Möglichkeit, höhere Kurvengeschwindigkeiten zu erreichen. Und nicht zuletzt darauf kam es dem Fahrer eines getunten Käfers schließlich auch an.

Richtiges Fahrwerkstuning fing aber mit der Montage breiterer Felgen und Reifen erst an. Weitere Bemühungen, dem Käfer eine möglichst »schnelle« und damit sichere Straßenlage zu geben, galten vor allem dem Abgewöhnen seiner von Haus aus schlechten Manieren. Namentlich bei älteren Käfern mit der Zweigelenk-Pendelhinterachse stand die Grundeinstellung mit ausgeprägt positivem Sturz der Hinterräder bei unbelastetem Fahrzeug einer zügigen Kurvenfahrt im Wege und war in Verbindung mit dem im Heck installierten Motor für die starke Neigung zum Übersteuern verantwortlich. Die oben nach außen geneigten Hinterräder (»O-Beine«) stemmten sich bei schneller Kurvenfahrt nicht gegen die Straße ab, sondern knickten im Gegenteil immer mehr nach innen und verkleinerten damit die Spurbreite. Das ergab eine Verringerung der Seitenführungskräfte gerade dann, wenn diese besonders hoch sein sollten: In der Kurve. Folglich brach das Heck schon relativ früh erbarmungslos zum Kurvenaußenrand aus oder der Käfer kippte im Extremfall sogar um. Dieser Unart wirksam zu begegnen war ausschließlich durch die Änderung der Federstrebeneinstellung an der Hinterachse möglich: Die recht komplizierte und viel Sorgfalt und Fingerspitzengefühl erfordernde Arbeit hatte das Ziel, die serienmäßig mit positivem Sturz eingestellten Räder mehr in Richtung negativen Sturz einzustellen, um dadurch einen besseren Abstützeffekt der Hinterräder in Kurven zu erreichen. Durch diese Maßnahme rückte auch der Wagenschwerpunkt tiefer (»Tiefersetzen«), was den Fahreigenschaften zusätzlich zugute kam, aber auch Nachteile hatte: die Bodenfreiheit sank und der Federweg verringerte sich und damit auch die Zuladungskapazität. Dennoch ließ sich die unschöne Aufstütztendenz der Pendelachse nur mit negativem Sturz bekämpfen. Ab August 1966 wurde serienmäßig an der Pendelachse eine Ausgleichfeder montiert, die die negativen Eigenschaften dieser Achskonstruktion spürbar verbesserte, aber erst mit der Einführung der Doppelgelenk-Schräglenker-Hinterachse (ab August 1967 im Automatik-Käfer und ab August 1970 im neuen VW 1302) gehörte das Heckschleuder-Syndrom des Käfers engültig der Vergangenheit an.

Außer der erwähnten Sturzeinstellung an der Hinterachse in Richtung negativer Sturz waren noch andere Maßnahmen geeignet, dem serienmäßig stark übersteuernd ausgelegten Eigenlenkverhalten des Käfers zu begegnen. Der Einbau härterer Stoßdämpfer beispielsweise trug zu einer wesentlich verbesserten Bodenhaftung der Räder bei, brachte dafür natürlich aber auch je nach Härte der Dämpfer erhebliche Komforteinbußen. Eine Verbreiterung der Achsspur – entweder mit den oft umstrittenen und vom TÜV meist nicht genehmigten Distanzscheiben oder durch die Verwendung breiterer Felgen mit geringerer Einpreßtiefe – sorgte für geringere Abstützkräfte für die Fliehkräfte und damit für höhere Kurvengeschwindigkeiten. Der nachträgliche Einbau der Ausgleichfeder, die ab August 1966 serienmäßig installiert war, ermöglichte bei älteren Käfern eine relativ weiche Federung bei Kurvenfahrt, um das Übersteuern abzubauen. Das machte aber nur dann Sinn, wenn auch gleichzeitig weichere Federstäbe eingebaut wurden. Eine recht wirksame Verbesserung der Fahrwerkseigenschaften ließ sich durch den Einbau von stärkeren Stabilisatoren an Vorder- und Hinterachse erzielen, die je nach Dimensionierung die Rollneigung der Karosserie in Kurven erheblich reduzierten und zu einem besseren Handling führten. In Verbindung mit der hinteren Pendelachse, die schon mit Ausgleichfeder und Stabilisator serienmäßig bestückt war, erschien die Installation eines härteren Stabilisators an der Vorderachse freilich nur dann sinnvoll, wenn der getunte Käfer wettbewerbsmäßig eingesetzt werden sollte. Für den Straßengebrauch war die werksseitige Abstimmung des Stabilisators gut genug, vor allem dann, wenn durch negativen Sturz und härtere Dämpfung die Eigenschaften der Hinterachse ohnehin verbessert worden waren.

Obwohl all diese Eingriffe ins Käfer-Pendelachs-Fahrwerk durchaus ihre Berechtigung hatten und auch merkliche Verbesserungen im Fahrverhalten brachten, ließen sich dennoch die konstruktionsbedingten Nachteile der alten Vorder- und Hinterachse nie verleugnen. Erst als mit dem VW 1302/1303 die Doppelgelenk-Schräglenker-Hinterachse und die Federbein-Vorderachse zur Verfügung standen, konnte einem schneller gemachten Käfer auch ein wirklich schnelles Fahrwerk sozusagen zur Seite gestellt werden. Diese Achsen waren durch Verwendung von härteren oder gar zusätzlichen Stabilisatoren, härteren Dämpfern, verkürzten Federn und negativer Sturzeinstellung praktisch auf jede gewünschte Abstimmung zu bringen und ermöglichten durch ihre moderne, straffe Konstruktion erst das wirklich schnelle Käfer-Fahren. Schon in serienmäßig-unverändertem Zustand war das Schräglenker-Fahrwerk in seinem Eigenlenkverhalten weitgehend neutral, und die Übersteuerneigung im Kurvengrenzbereich trat nicht mehr so brutal und plötzlich, sondern eher gutmütig und absolut beherrschbar auf. Auf dieser Basis konnte mit entsprechenden Maßnahmen ein Fahrwerk für einen getunten Käfer gebaut werden, das sich in seinen Eigenschaften von denen eines Monoposto-Formel-Rennwagens kaum mehr unterschied: Knallhart, aber gerecht und vor allem hohe Kurvengeschwindigkeiten ermöglichend.

Die wichtigsten und auch gebräuchlichsten Methoden, einen Käfer schneller zu machen, aber auch fahrsicherer, sind hiermit im wesentlichen und in den Grundzügen aufgezeigt. Erwähnt werden muß vielleicht noch die Möglichkeit, durch andere Getriebeübersetzungen den getunten Käfer dem vorgesehenen Einsatzzweck (Rennen, Rallyes, Slalom) besser anzupassen und durch den Einbau eines Sperrdifferentials mit begrenzter Sperrwirkung die möglicherweise hohe Leistung besser auf den Boden zu bringen. Aufgrund des Aufwandes und der Kosten waren beide Maßnahmen aber eigentlich nur für Wettbewerbs-Käfer sinnvoll.

Tuningfirmen: Profis am Werk

Da das Käfer-Tuning spätestens ab Ende der 60er Jahre und vor allem dann mit der Präsentation der modernen Käfer 1302/1303 die Domäne einiger darauf spezialisierter Betriebe war, soll hier das zum Teil recht unterschiedliche Angebot der professionellen Käfer-Tuningfirmen anhand von Beispielen vorgestellt werden.

Bekanntester Käfer-Tuningbetrieb ist die hessische Firma Oettinger, die sich schon in den 50er Jahren durch leistungssteigernde Arbeiten am Käfer-Motor einen Namen in Fachkreisen machte. Später entwickelte Oettinger dann eigene Kurbelwellen und Zylinderköpfe sowie Spezialzylinder und -kolben, die den Aufbau eines ganzen Motoren-Programms ermöglichten. Basis-Triebwerk des hessischen Tuners war ein im Hubraum unveränderter 1,6-Liter-Motor, der Doppelkanal-Zylinderköpfe, größere Einlaßventile mit 37 mm Durchmesser, zwei bearbeitete Ansaugrohre und zwei Solex-Vergaser 32 PICB erhielt und dadurch etwa 60 PS leistete. Die zehn Mehr-PS brachten einen Höchstgeschwindigkeitszuwachs von rund 5 km/h auf 140 km/h, die Beschleunigung von 0 auf 100 km/h lag mit etwa 16 Sekunden ungefähr zwei bis drei Sekunden besser als beim Serien-Käfer. Inklusive Montage kostete bei Anlieferung eines Neumotors dieses Käfer-Triebwerk knapp 1900 Mark.

1971 nahm ein von Oettinger getunter Käfer an der Tour d'Europe teil. Nach 14000 Kilometern erreichte er in der Gesamtwertung Platz 30, in seiner Klasse landete er auf Platz 7.

2300 Mark kostete der von Oettinger TSV 1600 HS 1 genannte Tuning-Motor, der über bearbeitete Doppelkanal-Zylinderköpfe und eine noch größere Zweivergaseranlage (Solex 40 PDSIT) verfügte und 65 PS bei 4500/min leistete. Der TSV-1800-H-Motor kam durch die Verwendung von Nikasil-Leichtmetallzylindern und geschmiedeten Kastenkolben (Bohrungsdurchmesser 90 mm) auf fast 1800 ccm Hubraum, hatte nicht nur die größeren Einlaß-, sondern auch Auslaßventile (32 mm Durchmesser) und eine Solex-40-PDSIT-Zweivergaseranlage. Die Höchstleistung betrug 70 PS, was den Käfer etwa 150 km/h schnell machte. Kosten für dieses Tuning-Triebwerk ohne Spezial-Kurbelwelle: 3400 Mark. Die Kurbelwelle, die eine höhere Lebensdauer und grö-

Okrasa-Anlage von Oettinger mit 2 Doppelvergasern und Ölfilter im Nebenstrom.

Oettinger lieferte auch getunte Motoren für die Formel-V-Renner.

ßere Laufruhe versprach, schlug noch einmal mit 900 Mark zu Buche. Oettingers potentester Käfer-Motor TSV 2000 HS brachte es durch die Spezial-Kurbelwelle mit größerem Hub (78,5 mm) und 90-mm-Nikasilzylinder und Mulden-Vollschaftkolben auf beinahe zwei Liter Hubraum (exakt: 1998 ccm) und auf eine Leistung von 85 PS. Noch größere Einlaßventile (Durchmesser 39 mm) und die 32-mm-Auslaßventile, die große Zweivergaseranlage Solex 40 PDSIT und natürlich die bearbeiteten Zylinderköpfe waren für diese Ausbeute verantwortlich, die sich auch in einem stark angestiegenen Drehmoment von 173 Nm bei nur 3000/min (Serie 105 Nm bei 2800/min) und in einer möglichen Höchstgeschwindigkeit von rund 155 km/h ausdrückte. Dieser Zweiliter-Motor durfte allerdings nur in den VW 1302/1303 eingebaut werden und kostete einschließlich Montage 4500 Mark.

Bemerkenswert war, daß für alle getunten Oettinger-Motoren ein Musterbericht und ein Abgasgutachten vorlag und somit keine Zulassungsschwierigkeiten auftraten. Außerdem gewährte Oettinger für seine Anlagen eine Garantie von 10000 Kilometer oder einem halben Jahr. Neben den beschriebenen Komplett-Tuningmotoren gab es bei Oettinger praktisch alle zur Leistungssteigerung erforderlichen Teile auch einzeln zu kaufen und natürlich ein breites Angebot für die Verbesserung des Fahrwerks.

Das zweite Unternehmen, das sich neben Oettinger in sehr ausgiebiger Weise mit dem Käfer-Tuning beschäftigte und eine breite Palette an Möglichkeiten anbot, war die Firma Theo Decker aus Essen (TDE). Die ersten Tuning-Gehversuche von TDE beschränkten sich zunächst auf die Montage und saubere Abstimmung von Zweivergaseranlagen für alle Käfer-Serienmotoren, die je nach Hubraum zwischen drei und acht Mehr-PS brachten und mit etwa 700 Mark relativ günstig zu erstehen waren. Nächste Stufe stellte der Einbau von Doppelvergaseranlagen dar, der sich allerdings nur in Verbindung mit weiteren Tuningmaßnahmen empfahl.

Gut zwölf PS mehr garantierten die beiden TDE-Komplettumbausätze Comet 40/1300 GT oder Comet 44/1500 GT, die auf den serienmäßigen 1300-ccm- bzw. 1500-ccm-Käfer-Motoren aufbauten. Außer den Solex-34-PCI-Vergasern gelangten zwei geänderte Zylinderköpfe mit einer auf 8,2 erhöhten Verdichtung, eine Spezialnockenwelle mit Stößeln, ein Satz Haupt- und Pleuellager, ein Spezial-Zündverteiler sowie ein Nebenstromölfilter mit Rücklaufkühlung zum Einbau. Im Preis von etwa 1500 Mark plus Montagekosten war bei TDE das Auswuchten des Kurbeltriebs sowie das Ausbalancieren und Auswiegen von Pleueln und Kolben enthalten.

Auf dem 1600-ccm-Motor basierte die nächste TDE-Tuningstufe, die eine Leistung von etwa 70 PS ermöglichte und auch für den 1300-ccm-Motor geeignet war. Nur mußte der durch Verwendung größerer Kolben und Zylinder (Bohrung: 85,5 mm) erst auf 1,6 Liter Hubraum gebracht werden. Das 1600 Meteor S genannte Tuning-Triebwerk besaß neben einer Solex-32-PCI-Doppel-Vergaseranlage die bearbeiteten Doppelkanalzylinderköpfe mit erhöhter Verdichtung (8,5:1), eine Spezialnockenwelle mit Stößeln, eine verstärkte Ölpumpe, einen Satz Haupt- und Pleuellager, ein Nebenstromölfilter mit Rücklaufkühlung sowie ebenfalls den Spezialzündverteiler. Hinzu kamen eine erleichterte und ausgewuchtete Schwungscheibe, eine ausgewuchtete Kurbelwelle und ausgewogene Pleuel und Kolben. Zuzüglich der Montagekosten wurden für das Meteor S/70-PS-Triebwerk etwa 1900 Mark berechnet.

Decker entwickelte einen einfachen Zusatz-Ölkühler, der direkt ans Motorgehäuse angeschraubt wurde und dadurch die Bodenfreiheit des Käfers herabsetzte.

75 PS erreichte Theo Decker durch Verwendung der Zenith-32-NDIX-Doppelvergaseranlage und dem Einbau von Spezialkolben mit gewölbtem Boden, die das Verdichtungsverhältnis auf 8,8:1 erhöhten. Noch einmal fünf PS kitzelte TDE aus dem 1600-ccm-Motor heraus, indem eine noch größere Doppelvergaseranlage (Solex P II-4) montiert wurde und außerdem eine feingewuchtete Kurbelwelle mit ausgewogenen Pleueln, ein Satz Haupt- und Pleuellager, zwei bearbeitete Zylinderköpfe und ein Satz Spezialkolben und -zylinder (Bohrung: 85,5 mm) eingebaut wurden. Zudem war in diesem Käfer-Motor eine Spezialnockenwelle mit einem Öffnungswinkel von 316 Grad und einem Ventilhub von 9,4 mm, der bekannte Spezialzündverteiler, das Nebenstromölfilter sowie eine größere Ölpumpe installiert. Mit größeren Kolben und Zylindern ausgestattet war dieses Triebwerk auch mit 1700 ccm zu erhalten und dann für etwa 85 PS gut.

Noch einmal kräftiger war der TDE-Umbausatz »Saturn«, der gegenüber den zuvor beschriebenen Änderungen zusätzlich über größere Einlaßkanäle und -ventile (Durchmesser: 40 mm) sowie härtere Ventilfedern mit Alu-Federtellern verfügte. Durch den Einbau größerer Kolben und Zylinder konnte der Hubraum auf 1700 ccm oder 1800 ccm gesteigert werden. Mit 1,6 Liter Hubraum leistete der Saturn-Motor etwa 90 PS, mit 1,7 Liter ungefähr 95 PS und in der größten Version

Einstellbare Stößelschutzrohre und Aluminium-Keilriemenscheiben von Theo Decker aus Essen.

ohne Veränderung des Kolbenhubs mit 1,8 Liter etwa 98 PS. Möglich war freilich auch noch die Anhebung des Hubs auf 74, 82 oder 88 mm durch den Einbau einer entsprechenden Spezialkurbelwelle. Dieser »Saturn 2000 RS« genannte Tuningmotor brachte es mit 1800 ccm dann auf 104 PS und mit 1900 ccm Hubraum auf erstaunliche 108 PS. Für die Straßenzulassung eines solch potenten Käfers gab es dann allerdings enorme Schwierigkeiten, da TDE nur für wenige Anlagen über eine ABE oder ein gültiges Abgasgutachten verfügte.

Neben den vorgestellten Komplett-Umbausätzen führte TDE ein sehr gut sortiertes Angebot von Spezialteilen und -zubehör, das für den Hobby-Tuner daheim praktisch keine Wünsche offen ließ: Es gab leichte Keilriemenscheiben aus Aluminium, die nicht nur gut aussahen, sondern auch durch entsprechende Markierungen die Zündungseinstellung erleichterten. Ab etwa 350 Mark war ein kompletter Satz Spezialkipphebel mit größerem Übersetzungsverhältnis erhältlich, einstellbare Stößelschutzrohre für Motoren, deren Hub vergrößert wurde, gab es für etwa 250 Mark pro Satz (acht Stück), und zwischen 50 und 100 Mark kosteten leichtere Ventilfederteller aus Aluminium oder Titan. Sie erhöhten die Grenzdrehzahl – sozusagen die Flattergrenze der Ventile in Verbindung mit härteren Ventilfedern um bis zu 200 Umdrehungen pro Minute. Großen Umsatz machte TDE auch mit seinen im Durchmesser vergrößerten Auspuffendrohren, die nicht nur den Schalldruck verringerten, sondern auch den Ton der Abgase sonorer klingen ließen.

Ebenfalls eine sehr breite Palette an Möglichkeiten, den Käfer schnell und teuer zu machen, offerierte der Essener Ingenieur Bernd Riechert: Von der gut abgestimmten Zweivergaseranlage bis zum kompletten Cross-Motor mit 2,2 Litern Hubraum und etwa 150 PS war alles zu haben.

Beim Riecherts-Käfer lag der Ölkühler noch außerhalb der Karosserie. Beim 1303 ließ sich der Ölkühler vorn unter der Karosserie verbergen, wenn ein sonst für die Klimaanlage erforderliches offenes Abschlußblech installiert war.

Riecherts Spezialität stellte der Einbau des Typ-4-Motors aus dem VW 411/412 oder VW-Porsche 914/4 in den Käfer dar, der als Basis für eine weitere Leistungssteigerung hervorragend geeignet war.

Für alle jemals gebauten Käfer-Motoren bot Riechert eine besonders abgestimmte Zweivergaseranlage an, die je nach Ausgangsbasis zwischen vier und neun PS Mehrleistung garantierte. Bis zu 25 Prozent mehr Leistung versprach der Einbau der von Riechert installierten Doppelvergaseranlagen, die nur in Verbindung mit Doppelkanal-Zylinderköpfen Verwendung fanden und von verschiedenen Herstellern stammten. Gewaltigstes Exemplar war die Weber-Anlage 48 IDA, die sich freilich nur für Wettbewerbsmotoren eignete. Neben verschieden scharfen Nockenwellen, speziellen Zylindern und Kolben oder Kurbelwellen mit bis zu 82 mm Hub lieferte Riechert-Tuning noch eine relativ teure Besonderheit: Das Axialgebläse. Diese aufwendige, aber höchst wirksame Kühleinrichtung, bei dem das Lüfterrad nicht mehr hinten im Motorraum stand, sondern über dem Motor liegend eingebaut war, wurde über einen umgelenkten Keilriemen von der Kurbelwelle angetrieben und brachte nicht nur einen größeren Luftdurchsatz bei hohen Drehzahlen, sondern auch eine geringere Leistungsaufnahme. Der komplizierte Umbau kostete etwa 1600 Mark. Dieses Axialgebläse machte erst das Riechert-Experiment möglich, den Typ-4-Motor (serienmäßig bis zu zwei Liter Hubraum und 100 PS) in den Käfer zu verpflanzen. Ein solches Triebwerk kostete mit Einbau und zahlreichen anderen Teilen (Solex-Doppelvergaseranlage, Axialgebläse, Zündverteiler mit Fliehkraftverstellung, hintere

Spezialität von Riechert: VW-Typ-4-Motor mit liegendem Axialgebläse.

Motoraufhängung u.ä.) etwa 7500 Mark. Der 100 PS-Käfer war damit richtig schnell: 173 km/h Spitze, Beschleunigung von 0 auf 100 km/h in 10,7 Sekunden.

Die Spezialentwicklung des Hauses Sauer & Sohn aus dem hessischen Dieburg war eine Abgasanlage, die ohne jede weitere Änderung am Motor einen Leistungszuwachs von etwa zwei bis drei PS versprach und hinsichtlich ihrer Geräuschentwicklung noch so gerade die Zulassungsbestimmungen des TÜV erfüllte. Die Anlage, die aus vier gleich langen aufeinander abgestimmten Primärrohren bestand und aus zwei voluminösen Vorschalldämpfern sowie vier Endrohren, die als Nachschalldämpfer ausgebildet waren, schlug freilich alleine mit etwa 300 Mark zu Buche.

Neben dieser Auspuffanlage waren bei Sauer & Sohn natürlich auch tiefgreifende Tuning-Versionen erhältlich: So konnte der 1600-ccm-/50-PS-Basismotor durch Verwendung einer Zenith-32-NDIX-Doppelvergaseranlage einschließlich zweier bearbeiteter Ansaugrohre und zweier Naßluftfilter um etwa zehn PS in der Leistung gesteigert werden. Dieser Umbau kostete etwa 1000 Mark, während rund 3000 Mark für ein Motortuning zu bezahlen waren, das etwa 75 PS ermöglichte.

Neben dem Einbau der Zenith-32-NDIX-Doppelvergaseranlage mit Ansaugrohren und Naßluftfilter spendierte die Firma Sauer dem Käfer-Triebwerk einen speziellen Zündverteiler, einen Satz Spezialkipphebel mit dem Übersetzungsverhältnis 1:1,4, zwei Spezialzylinderköpfe, die das Verdichtungsverhältnis auf 8,9:1 anhoben und zusätzlich auf 268 mm verkürzte Stößelstangen.

Ein Gruppe II VW 1302 mit 1,6-Liter-Motor und 140 PS, getunt von Veytal.

Durch diese relativ umfangreichen Eingriffe in den oberen Bereich des Motors konnte auf eine Zerlegung des Kurbeltriebs verzichtet werden. Doch Sauer empfahl zusätzlich den Einbau einer Ölkühlanlage, deren Kosten zum Gesamtpreis des 75-PS-Triebwerks addiert werden mußten. Außer diesen straßentauglichen Tuning-Motoren – auch diese Maschine verfügte über eine ABE – fertigte Sauer & Sohn auch Wettbewerbstriebwerke, die bis zu 150 PS leisteten.

Die Liste der professionellen Käfer-Tuner und ihrer Erzeugnisse ließe sich ohne weiteres fortsetzen. Doch im wesentlichen wurden von allen mehr oder weniger intensiv die gleichen und ausführlich beschriebenen Änderungen an Motor und Fahrwerk durchgeführt. Oettinger, Riechert, Sauer & Sohn sowie Theo Decker waren zu Käfer-Tuning-Glanzzeiten unbestritten die bekanntesten und auch erfolgreichsten Firmen. Erwähnt werden sollten in diesem Zusammenhang aber auf jeden Fall noch die Tuning-Aktivitäten des größten bayerischen Volkswagenhändlers, der MAHAG aus München, die des Formel-V-Spezialisten Oskar Zöllner aus Gerstetten von der Schwäbischen Alb, der dem auf 1991 ccm vergrößerten Käfer-Motor sogar eine mechanische Einspritzanlage (Bosch K-Jetronic) einverleibte und etwa 90 PS erzielte sowie die für den internationalen Rallyesport vorgesehenen 120-PS-Käfer des österreichischen VW-Generalimporteurs Porsche-Salzburg.

Kleiner, aber nicht weniger fein waren Tuning-Werkstätten wie Binder aus Hofgeismar, Kaufmann aus Hofheim, das Autohaus Nordstadt aus

Hannover oder der Schweizer Emil Hegglin aus Meilen im Kanton Zürich. Spezialfirmen wie Schrick aus Remscheid, Schleicher aus München oder Albert aus Wörgl in Österreich belieferten die Käfer-Tuning-Szene mit aller Art von mehr oder weniger scharfen Nockenwellen.

Namen, die eingefleischten Käfer-Fans noch heute wie Musik in den Ohren klingen, Namen aber auch, die in den achtziger Jahren – gut zehn Jahre nach der Käfer-Tuning-Euphorie – weitgehend in der Versenkung verschwunden sind, oder die Firmen haben sich, verständlicherweise, völlig neu orientiert.

Eine der wenigen Firmen, die unverdrossen dem Käfer mehr PS einverleibt, ist der Tuning-Betrieb Willibald in Serres/Enzkreis. Willibald nimmt den Rumpfmotor des VW-Porsche mit 2 Liter Hubraum und 100 PS. Diesem paßt er ein selbstkonstruiertes Gebläse und weitere Umbauten an, damit das Triebwerk problemlos im Käfer – vornehmlich sind es Cabrio-Kunden – installiert werden kann.

In einer Zeit, als es noch keinen Kompaktwagen wie den Golf GTI mit serienmäßig 110 PS gab, galt das Tunen des Käfers als Ausdruck individueller Freude am Autofahren. Denn trotz teilweiser erheblicher Kosten bei einem nur mäßigen Geschwindigkeitszuwachs ermöglichte das Tunen des Käfers auch einem Volks-Wagen-Besitzer das einmalige Erlebnis zwischen technischer Experimentierfreude und gesteigertem Fahrspaß. Das ist nun lange vorbei. Doch wer heute noch einen getunten Käfer besitzt, hat möglicherweise ein Auto von gestern, aber eines von individuellem und unschätzbarem Liebhaberwert.

Im Grenzbereich konnte der Käfer nur durch beherztes Gegenlenken auf Kurs gehalten werden.

Oft kopiert – nie erreicht: Die originelle Käfer-Werbung

Es mag für ein deutsches Auto eigentümlich klingen, doch die Handschrift der originellen Käfer-Werbung stammt aus den USA.
Im Land der vielen Möglichkeiten und der großen Straßenkreuzer entstand 1959 eine Werbephilosophie, deren Grundgedanken auch heute noch aktuell sind und die entscheidend dazu beigetragen haben, daß in Amerika bis 1978 insgesamt etwa fünf Millionen Käfer und weltweit über 20 Millionen Exemplare dieses heute wie damals einzigartigen Fahrzeuges verkauft wurden.
Durch die einmalige und ehrliche Werbekonzeption der Werbeagentur »Doyle-Dane-Bernbach Incorporated« kam ein Stein ins Rollen, der später auch im Käfer-Mutterland in den traditionellen Werbebüros und den einschlägigen Abteilungen der Industrie für Wirbel sorgen sollte. Initiator der Käfer-Werbung war der damalige Vizepräsident of America, Carl Hahn, und spätere VW-Chef.
Die Ende der fünfziger Jahre von der amerikanischen Ostküste ausgehenden Impulse in Sachen positiver Produkt-Darstellung hatten – das kann heute unzweifelhaft behauptet werden – nicht unerheblichen Einfluß auf Werbe-Konzeptionen und -Philosophien heutiger Tage.
Selbst andere Branchen haben von der Art und Weise der Käfer-Werbung der 60er und 70er Jahre profitiert – und nicht selten die Ideen kopiert, wenngleich das Original nie erreicht wurde.
Dennoch sagte William Bernbach, dessen Agentur später für die VW-Anzeigen zahlreiche Auszeichnungen erhielt und vor einigen Jahren zur »Besten Werbeagentur des Jahres« in den USA erklärt wurde, daß »Originalität um jeden Preis der Werbung schlimmster Feind ist«. Wenn sich eine Agentur zu sehr auf die formalen Elemente der Werbung versteift, dann würden diese das Werbeanliegen beeinträchtigen. Das Layout der Anzeigen, so forderte Bernbach, müsse schlicht, klar und übersichtlich gehalten werden, die Drucktype klassisch und unverbrämt, der Werbetext sachlich und stilistisch sauber sein. Gleichzeitig müsse psychologisch und künstlerisch alles getan werden, um das auf Offenheit gestellte Anliegen dem Verbraucher auf Anhieb eindringlich vor Augen zu führen.
Mit diesem Konzept, das in der Tat nicht besonders originell im Sinne von sensationell neu anmutete, entwickelte DDB (Doyle-Dane-Bernbach) zunächst im Anzeigenbereich großzügige und großformatige Inserate mit einem großen Foto des Käfers ohne viel Beiwerk davor oder dahinter, üblicherweise mit einer durchdacht formulierten Schlagzeile und einem Werbetext darunter. Vor allem kam es den Werbe-Experten darauf an, daß in dem Text auch wirklich etwas Konkretes und Ehrliches ausgesagt wurde. Mit diesem Konzept stellte sich DDB erstmals in den USA ganz bewußt gegen die Verfechter der sogenannten »harten« Werbung, bei der dem Leser und damit dem Verbraucher mit möglichst aufwendigen Mitteln klargemacht werden sollte, wie gut und unschlagbar das umworbene Produkt ist.
Bernbach ist dagegen der Ansicht, daß ehrliche Werbung einschlagen müsse, zumal eine um Aufrichtigkeit bestrebte Werbung nicht zuletzt als »kreative« Werbung bezeichnet würde. Kreativ also im Sinne von aufrichtig, redlich und ehrlich.
Diese Werbe-Philosophie gefiel nicht nur den Managern in Wolfsburg, sondern offenbar auch den amerikanischen Autokäufern: 1953, nachdem der Käfer kontinuierlich, aber auf privater

Da weiß man, was man hat.

Denen in Wolfsburg fällt auch nichts Neues mehr ein, sagen manche Leute.

Es gibt noch Dinge, auf die man sich verlassen kann.

Basis in die USA gebracht wurde, wurden 2000 Käfer verkauft, 1959, als VW of America erstmals im großen Stil zu werben begann, waren es schon 150 000 Käfer – etwa 15 Prozent der Gesamt-Produktion, die weltweit an den Mann gebracht wurde.

Damals lag der Werbe-Etat, den VW of America der DDB-Agentur zur Verfügung stellte, noch bei 800 000 Dollar pro Jahr. Ende der Siebziger, als die Käfer-Produktion in Deutschland eingestellt wurde, standen immerhin 14 Millionen Dollar für Werbezwecke bereit. Bis dahin waren aber auch schon knapp fünf Millionen Käfer in die USA importiert und verkauft worden – das entspricht einem Anteil von mehr als 25 Prozent an der weltweiten Gesamtproduktion seit den ersten Gehversuchen des deutschen Krabbeltieres auf Rädern im Jahre 1945.

Die 2000 verkauften Käfer (1953) zeigten übrigens den DDB-Leuten deutlich, daß der Käfer

Es gibt Formen, die man nicht verbessern kann.
Wie lange werden wir die Linie halten?
Hat irgend jemand eine bessere Idee?
Schon 1948 meinten viele, daß wir ihn ändern sollten.
Auch 1969 bleibt der Käfer der Käfer.
Warum, lesen Sie in diesen Anzeigen aus den Jahren 1962–65.

Doch.

Hier ist unser neuester Einfall. Der VW 1500.

Er sieht aus wie der (jetzt wieder verbesserte) VW 1300. Und er hat das gleiche Fahrgestell. Mit der breiteren Spur und der Ausgleichfeder an der Hinterachse, die für eine noch bessere Straßenlage sorgen.

Er hat jedoch einen stärkeren Motor. Der aus 1,5 Liter Hubraum 44 PS herausholt.

Das ist nicht viel. Aber wir haben (wie bei jedem VW) die PS-Zahlen in vernünftigen Grenzen gehalten. Denn der VW 1500 sollte so langlebig sein wie der VW 1300. Nur etwas schneller.

Die Höchstgeschwindigkeit ist dabei wenig interessant. (Beim heutigen Verkehr werden Sie wohl selten Gelegenheit haben, die Spitze von 125 ganz auszufahren.)

Wichtiger ist, daß er sehr schnell schnellfährt. In 13 Sekunden ist er von 0 auf 80. Sie können besser überholen und kommen bei Grün flott über die Kreuzung.

Und damit Sie bei Rot flott wieder stehen, hat er vorn Scheibenbremsen.

Das Drehmoment ist höher als beim normalen Käfer. Dadurch ist der Motor elastischer. Sie brauchen weniger zu schalten, vor allem am Berg und im Stadtverkehr.

All das wird manchen Leuten freilich immer noch nicht neu genug sein.

Weil der VW 1500 aussieht wie ein Käfer. Aber sollen wir die Karosserie ändern, nur um zu zeigen, daß uns was Neues einfällt?

Fällt uns nicht ein.

D-MT 237
Statussymbölchen.
Für viele Leute ist ein Auto nicht nur ein Auto. Sondern ein Mittel, den anderen zu zeigen, wer man ist oder was man darstellen möchte.
Das Auto soll Reichtum dokumentieren. Oder Eleganz. Oder Kühnheit. Oder Sex. Es ist, wie die Psychologen sagen, ein Statussymbol.
In dieser Beziehung gibt der VW wenig her. Man sieht ihm nicht an, was sein Fahrer ist. Ob er beispielsweise Glück bei Frauen oder an der Börse hat. Oder sogar beides. Ob er ein Grundstück im Tessin besitzt. In Bonn zur Prominenz gehört. Platon im Original liest.
Und doch ist auch der VW so etwas wie ein — wenn auch bescheidenes — Statussymbol: Wer ihn fährt beweist, daß er Vernunft hat und wirtschaftlich denkt. Und daß er vor allem kein Auto braucht, um jemandem zu imponieren. Was viele bestimmt sehr imponierend finden.

Zehn Ereignisse, die Automobilgeschichte machten.

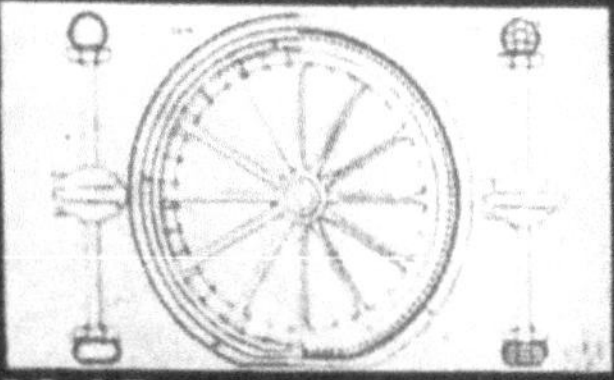

1845 Der Engländer Robert William Thomson läßt sich eine Erfindung patentieren, an der sich bis heute im Prinzip nichts geändert hat: den Luftreifen.

1859 Bei Titusville in Pennsylvanien bohrt der amerikanische Oberst Edwin L. Drake zum ersten Mal systematisch nach Öl. Nach monatelangen Versuchen wird die Bohrung am 27. August fündig.

1885 Daimler konstruiert einen Motor, der nicht mehr mit Wasser, sondern mit Luft gekühlt wird. Dieser Motor treibt das erste Motorrad der Welt an.

1867 Nikolaus August Otto entwickelt den ersten Verdichtungsmotor. Nach dem Prinzip des Otto-Motors arbeiten heute noch die meisten gebräuchlichen Motoren.

1886 Carl Benz stellt den ersten entwicklungsfähigen Kraftwagen vor.

1913 Als erster Automobilhersteller führt Henry Ford das Fließband ein.

1924 Die Deutsch-Amerikanische Petroleum-Gesellschaft eröffnet die erste Straßentankstelle in Deutschland. Bis dahin mußte man Benzin in der Apotheke oder beim Drogisten kaufen.

1945 Der erste von jetzt insgesamt 10,3 Millionen Käfern läuft vom Band.

1967 Volkswagen bietet als erster deutscher Großserienhersteller ein Modell mit serienmäßiger Automatic an.

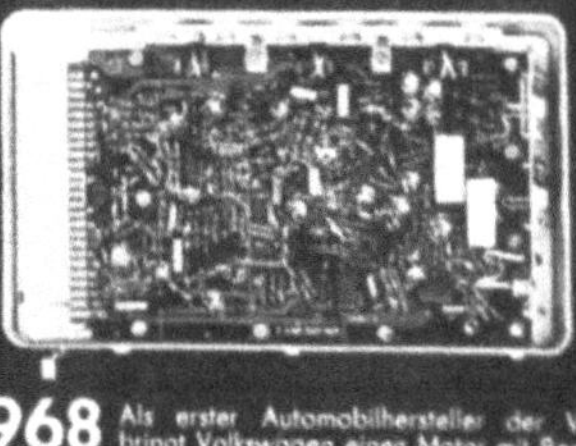

1968 Als erster Automobilhersteller der Welt bringt Volkswagen einen Motor mit Benzineinspritzung auf den Markt, die durch einen Computer gesteuert wird.

Das liebt die Welt an Deutschland.

Heidelberg.

Götterdämmerung.

Kölner Dom.

Kuckucksuhren.

Goethe.

Sauerkraut mit Knödeln.

Der Dackel.

Die Lorelei.

Gemütlichkeit

Der Käfer.

Unter den Dingen, die man im Ausland – zu Recht oder zu Unrecht – für typisch deutsch hält, ist der Volkswagen zweifellos besonders beliebt.

Von Jahr zu Jahr schwirren mehr Käfer ins Ausland. 1967 exportierten wir 570 000 Stück. Das sind rund 12 000 (oder 2,1 Prozent) mehr als im Rekordjahr 1966. Allein nach Amerika verkauften wir im vergangenen Jahr ca. 5 Prozent mehr Käfer als 66: Insgesamt waren es 328 000.

Aber selbst in den entlegensten Winkeln der Erde wächst der Erfolg des Käfers. Zum Beispiel auf der Insel Nauru im Süd-Pazifik. Dort konnten wir den Absatz um 200 Prozent steigern.

Von einem auf drei Käfer.

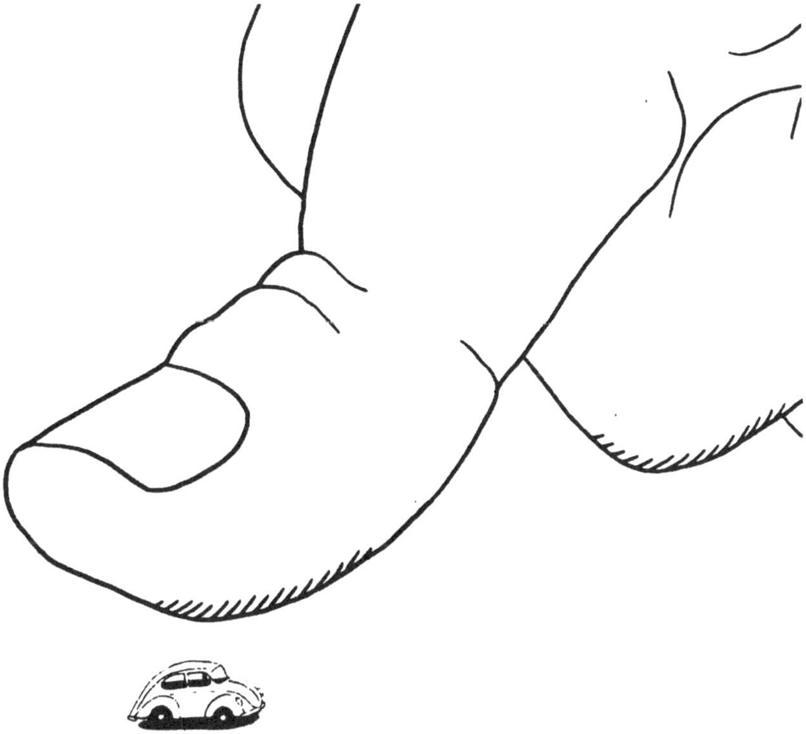

Über die Möchtegern-Käferkiller.

Je mehr Käfer durch die Welt schwirren, desto aufreizender wirkt ihr Gesumme auf diejenigen, deren Autos nicht ganz so erfolgreich sind.

Und so kommt es, daß alle Jahre wieder mal der, mal jener versucht, mit einem neuen Auto dem Käfer den Garaus zu machen.

Bisher freilich war der Erfolg solcher Bemühungen nicht sonderlich groß. Viele Anti-Käfer sind längst vergessen, und manchmal sogar die Namen ihrer Hersteller.

Es ist aber auch zu schwer. Da soll man nun einen Anti-Käfer bauen, der so wenig kostet wie der Käfer. Der aber gleichzeitig so perfekt wie der Käfer sein soll. Und so solide gebaut. Und so langlebig. Und so flott. Und so komfortabel. Und so leicht und billig überall zu reparieren.

Trotz dieser Schwierigkeiten versuchen es jetzt wieder ein paar Firmen.

Uns soll es recht sein. Denn wir haben den Käfer.

Und das ist immer noch der beste Anti-Anti-Käfer.

auch ohne irgendeine Werbemaßnahme lief und durchaus bekannt war. Was Bernbach in der Ansicht bestärkte, daß es nicht Aufgabe der Werbung ist, Autos zu verkaufen. Oder andersherum, wie es Paul R. Lee, damaliger Werbeleiter von VW of America formulierte: »Aufgabe der Werbung ist es, den Leser zu fesseln, ihn zu überzeugen. Und das ist uns geglückt.« Denn wenn etwas die Amerikaner zu Käfer-Käufern und -Fahrern gemacht hat, dann war es das Auto selbst und seine Besitzer, die zu einem gewaltigen Leumund für das vierrädrige Produkt aus Germany beitrugen.

William Bernbach war natürlich – und das ist wohl unbedingte Voraussetzung für den Erfolg einer Werbe-Kampagne – auch hundertprozentig von dem Produkt überzeugt, für das er und sein Team Anzeigen entwerfen sollte: »Der VW Käfer war von Anfang an ein Spitzenfabrikat. Wir haben die Leute lediglich mit seinen Vorzügen bekannt gemacht. Durchgesetzt hätte sich der Wagen in jedem Fall. Wir haben das nur ein wenig beschleunigt.«

»Der Erfolg des Volkswagens«, so Vizepräsident Carl Hahn 1961, »beruht auf einer simplen Tatsache: Ein gutes Fabrikat, das einen lang gehegten Käuferwunsch erfüllt, wird sich stets durchsetzen. Diese weitverbreitete Erkenntnis ist unser ganzes Geheimnis. Sie ist so wenig geheim, wie sie neu ist. Der Volkswagen ist ein gut durchkonstruiertes, zuverlässiges Automobil. Manche seiner Konstruktionsdetails werden von der Automobilindustrie noch immer als fortschrittlich anerkannt und, das dürfen wir ruhig sagen, noch immer kopiert. Da sich aber der Volkswagen im Äußeren ganz schlicht und bescheiden gibt, wäre es von unserer Werbung verfehlt gewesen, sich anders als schlicht und offen auszudrücken. Gerade weil wir über unser Produkt in leichtverständlicher Sprache reden,... sprechen wir Käuferkreise an, die von den ewigen Superlativen und Phantasieanpreisungen genug haben.«

Heute noch beeinflußt die damalige Käfer-Werbung unsere Sprache, denn viele Werbe-Slogans sind längst zum geflügelten Wort geworden, wie beispielsweise ... »und läuft und läuft.«

Die witzigsten und originellsten Anzeigen sind hier aufgezeigt, wobei die allermeisten aus den US-amerikanischen Köpfen der DDB-Texter stammen. Und das hat seinen Grund. Denn in der englischen Sprache läßt sich auf beeindruckend kurze und prägnante Art sehr viel zum Ausdruck bringen: »Think small« – Denk in kleinen Dimensionen, wurde den amerikanischen Autofahrern zugerufen, die sich jahrzehntelang an den Anblick von mindestens fünf Meter langen Straßenkreuzern im Verkehr gewöhnt hatten. Oder: »Lemon« (Zitrone) sagt mehr aus als das deutsche Wort über die minutiöse Qualitätskontrolle des Volkswagenwerks: »Wir pflücken die Zitronen, Sie bekommen die Pflaumen« hieß es. Sehr einprägsam auch der auf ein Ei gezeichnete Käfer mit dem Spruch »Es gibt Formen, die man nicht verbessern kann« – und der nichts anderes aussagt, als daß die Form des Eies wie auch des Käfers im Grundsatz nicht verbessert werden kann.

Nicht minder außergewöhnlich waren die zu den Überschriften passenden Texte, die immer eine kleine Geschichte erzählten, die wiederum zum abgebildeten Käfer in höchst unterschiedlichen, aber immer vorstellbaren und für jeden nachvollziehbaren Situationen paßte. Sie machten das Auto sympathisch, liebenswürdig, menschlich und lebendig. Dazu paßt auch der Name »beetle« (Käfer) oder »bug« (Wanze), wie der Volkswagen von den Amerikanern liebevoll getauft wurde. Nicht zuletzt also auch durch eine ganz spezifische Käfer-Werbung, die in ihrer effizienten Genialität noch heute ihresgleichen sucht, ist der Käfer am Leben und jung geblieben. Und das nicht nur in den Herzen seiner heutigen und ehemaligen Besitzer. Es gibt und gab kein Auto auf der Welt, das so menschlich und volksnah prä-

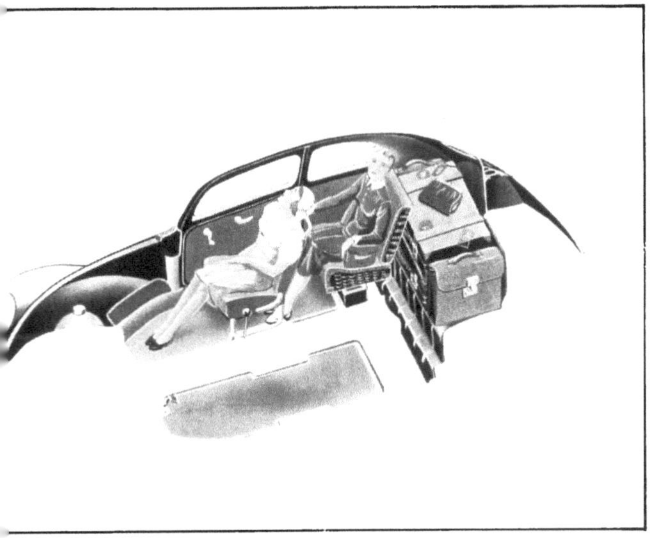

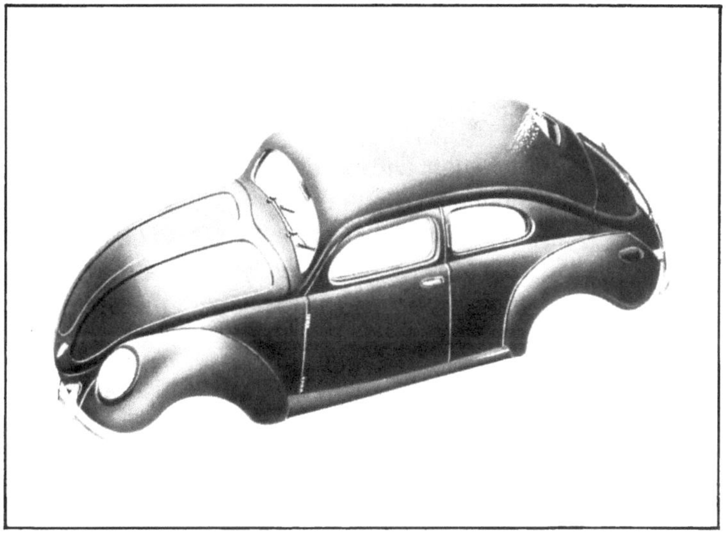

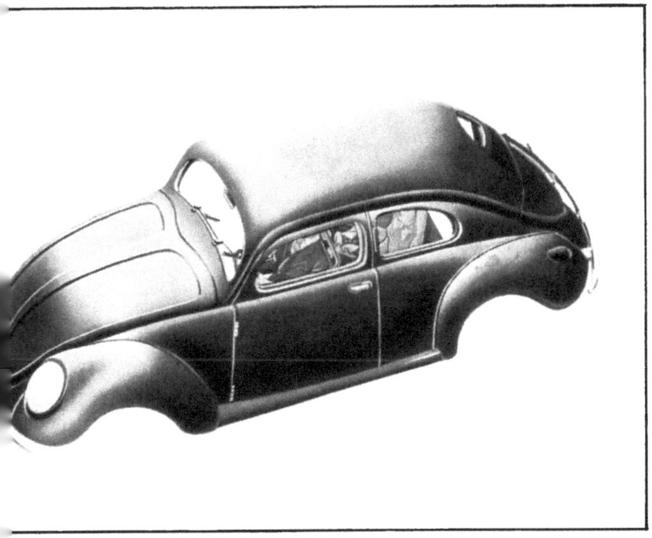

Die Abbildungen stammen aus dem »Transart-Prospekt«, in dem die farbigen Abbildungen auf eine durchsichtige Folie gedruckt wurden.

sentiert wird und wurde.
Zur Produktwerbung zählen natürlich auch die Volkswagen-Prospekte, von denen die ersten aus den dreißiger Jahren stammen.
Einmalig und besonders aufwendig gestaltet ist der sogenannte Transart-Prospekt, indem der Volkswagen auf Zellophan farbig entblättert wird. Denn man kann förmlich in den Käfer hinein-

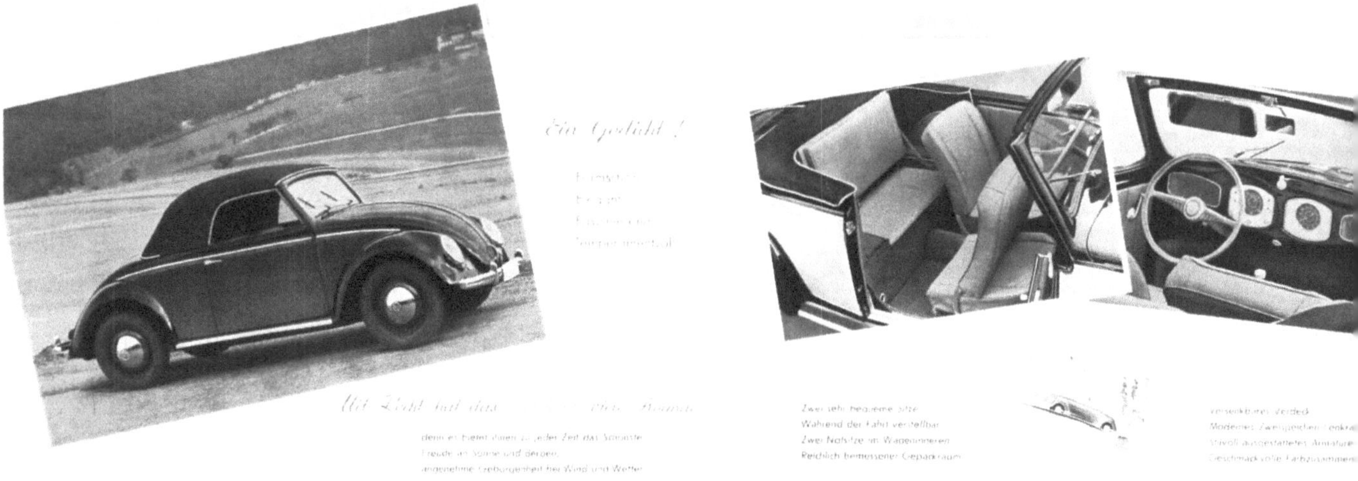

schauen, und die wichtigsten technischen Details erkennen. Ende der achtziger Jahre wird dieser Prospekt unter Fans mit 400 bis 600 Mark gehandelt. Etwas günstiger ist das papierne Gegenstück, welches seinerzeit mit 20 Pfennig bezahlt werden mußte und heute etwa 300 Mark kostet. Doch auch die in den frühen fünfziger Jahren von Reuters gezeichneten und sehr aufwendig gestalteten Prospekte haben inzwischen ihren Preis. Unter 40 Mark wechseln sie kaum den Besitzer. Die mit Ringheftung ausgestatteten Prospekte sind durchweg farbig angelegt und

Die oberen Abbildungen sind einem Hebmüller-Prospekt aus den frühen fünfziger Jahren entnommen worden. Die rechte Abbildung stammt aus dem Prospekt »Der KdF-Wagen«. Der Prospekt kostete Ende der dreißiger Jahre 20 Pfennig, 40 Jahre später wird er mit rund 300 Mark gehandelt.

Die farbigen Prospekt-Zeichnungen der 50er und 60er Jahre wurden von Reuters gezeichnet.

haben ausklappbare Seiten. Sie zählen zu den besten Prospekten, die je vom Volkswagenwerk herausgegeben wurden. Ende der fünfziger Jahre war man den Käfer-Zeichnungen überdrüssig, und der Prospekt wurde zum bunten Bilderblatt. Weitere zehn Jahre später muß in der Werbeabteilung die totale Frustration ausgebrochen sein, denn außer einem gelben Umschlag fiel den Werbern nichts mehr ein.

Aufgrund der hohen VW-Prospektauflagen ist das Angebot in den achtziger Jahren auch an älteren Ausgaben noch erstaunlich groß, so daß die Preise entsprechend niedrig ausfallen. Wesentlich höher gehandelt werden da schon Prospekte von Käfer-Sonderaufbauten, wie beispielsweise über das Hebmüller- oder Karmann-Cabrio.

Der Käfer im Motorsport

Schon die Urväter des Käfers dachten an einen sportlichen Einsatz des Volkswagens. Unter der Entwicklungsnummer 64, besser bekannt als Berlin-Rom-Wagen, entwickelte Porsche 1939 einen reinrassigen Sportwagen, der nur wegen des beginnenden Krieges nicht eingesetzt wurde. Die eigentliche Volkswagen-Limousine sollte natürlich in erster Linie wirtschaftlich, zuverlässig und für eine Familie ausreichend groß sein. Rekordverdächtige Fahrleistungen oder hohe Querbeschleunigungen in Kurven standen bei der Ur-Konstruktion nicht auf der Wunschliste. Daher gerieten die ersten Volkswagen auch eher etwas lahm und nicht besonders kurvenwillig. Zudem sorgte das durch Motor und Getriebe stark belastete Heckteil in schnell gefahrenen, engen Biegungen für ein übersteuerndes Fahrverhalten: Der Volkswagen drängte mit dem Heck nach außen.

Neben diesen fahrtechnischen Problemen stand einer wesentlich höheren Leistungsausbeute des thermisch hoch belasteten Motors auch die Grundkonstruktion des Vierzylinder-Boxermotors im Wege. Durch die zentrale Nockenwelle wer-

Huschke von Hanstein, in den sechziger Jahren Rennleiter bei Porsche, machte die Formel-V-Renner in Deutschland populär.

den die Ventile über lange Stößel aufgestoßen, so daß höchste Motordrehzahlen nicht realisierbar sind. Und wer es dennoch ausprobierte, mußte feststellen, daß sich im Motor alles verbog, was sich nur verbiegen läßt.
Bis in die 60er Jahre – die Käfer-Konstruktion war mittlerweile rund 30 Jahre alt – hielt sich deshalb auch hartnäckig das Image von einem praktischen, preiswerten und zuverlässigen Transportmittel, das jedoch als Sportmittel nichts taugen konnte. Bestärkt wurden die Zweifler vom Volkswagenwerk selbst, denn dort hatte man mit dem Motorsport rein gar nichts im Sinn. Noch 1962 ließ Nordhoff verkünden »das Volkswagenwerk beabsichtige nicht, sich an Rennen zu beteiligen«. Und als 1963 erstmals Formel V-Rennwagen gemeinsam mit VW Käfern in Nassau auf den Bahamas an den Start gingen, stellte ein Sprecher des Volkswagenwerkes klar: »Wir halten nichts von Autorennen und ähnlichen Prüfungen«.
So war es denn auch den Amerikanern und Österreichern vorbehalten, den Käfer in die Welt des Motorsports einzuführen. In den USA entstand Anfang der sechziger Jahre die Formel Vau und später der »Baja bug« für die Wüstenrennen in Mexiko und Kalifornien. In Österreich wurden die ersten wirklich schnellen Formel-Rennwagen auf VW-Basis entwickelt und in den siebziger Jahren der Rallye-Käfer.
In Deutschland gab es zu jener Zeit vor allem eine sehr innovationsfreudige und erfolgreiche Tuning-Szene, die sich des Käfers annahm.
Durch die erfolgreichsten Sportgeräte auf VW-Basis – Formel V, Rallye-Käfer, Baja bugs – blühte der Käfer richtig auf und festigte sein Image: Gut zehn Jahre lang galt der Volkswagen auch als Er-Volkswagen im sportlichen Wettkampf.
Neben den schon erwähnten drei sportlichen Disziplinen gab es noch viele andere sportliche Wettbewerbe in denen Käfer mitmischten. Ob als Renntourenwagen oder als Autocross-Geschoß, ob als Beschleunigungsdragster oder Teilnehmer einer Kirchturm-Rallye, ob bei Crashrennen am Rand der örtlichen Mülldeponie oder als Formel Super V: kein anderes Automodell auf der Welt war in den auto-sportlichen Wettbewerben so stark verbreitet wie der Käfer.

Die Formel V

In den sechziger Jahren saßen zwei ambitionierte Motorsportler zusammen und machten sich Gedanken darüber, wie man den Nachwuchs im Motorsport fördern könnte und, was weitaus wichtiger war, wie man mit möglichst geringen Mitteln den Einstieg in den Motorsport schaffen könnte.
Die beiden Edelmänner Huschke von Hanstein – damals Rennleiter des Hauses Porsche – und Richard von Frankenberg – Motorjournalist der alten Schule – waren beide schon Rennen gefahren und hatten sich auch dadurch einen Namen gemacht. Beide waren Sportler im Sinne des Wortes; die heute praktisch jede Sportdisziplin kennzeichnende Komponente Kommerz war ihnen fremd.
Auf einer gemeinsamen Reise durch die USA – begleitet von Porsche-Sohn Ferry – entdeckten sie Anfang 1965 eine genial-einfache Möglichkeit, wie auch den Söhnen nicht gerade steinreicher Eltern der Platz hinter dem Lenkrad eines richtigen Rennwagens zugänglich gemacht werden könnte. Ausgerechnet ein pfiffiger Amerikaner aus Orlando/Kalifornien namens Bill Devin hatte nämlich das deutsche Nachkriegs-Produkt schlechthin – den Volkswagen Käfer – seiner Karosserie und seiner Bodengruppe entledigt, alle anderen Teile wie Achsen, Getriebe und Motor aber behalten. Diese bereits damals in millionenfacher Stückzahl produzierten und

Beim Formel V sitzt der Käfer-Motor vor der Hinterachse.

Der erste Formel-V-Wagen mit Aluminium-Karosserie von Fuchs, Leonberg.

Die Rennwagen-Hersteller waren ständig auf der Suche nach der besten Karosserie. Hier zwei frühe Entwicklungen von Fuchs.

Ein Formel V 1300 der ersten Generation kostete um die 10000 Mark.

Bei der Formel Super V hatten die Käfer-Teile ausgedient. Das Chassis bestand aus einem Rohrrahmen; als Antrieb diente der Motor des VW 1600, und die Achskonstruktionen wurden dem Rennwagenbau entlehnt. Hier ein Blick in die Produktionsstätte der Firma Fuchs.

daher als besonders zuverlässig bekannten mechanischen Teile schraubte er an einen selbstgefertigten Rohrrahmen, über den er eine ziemlich häßlich wirkende Kunststoff-Karosserie stülpte. Und das Ganze nannte er dann auch noch Formcar. Schon ab Juli 1963 wurden mit diesen Autos – neben dem Formcar gab es den in Florida gebauten Beach – nach einem privat ausgearbeiteten Reglement Rennen in Amerika ausgetragen. Die Bestimmungen sollten vor allem garantieren, daß lediglich unveränderte Käfer-Serienteile zur Verwendung kamen. Denn das war schließlich die Idee: Rennsport mit identischen Fahrzeugen für jeden, deren Teile man sich notfalls beim Händler um die Ecke besorgen konnte.

Die Reisegesellschaft aus dem Käfer-Land war beeindruckt: Warum ist in Deutschland noch keiner auf diese Idee gekommen? Kurzerhand orderte Ferry Porsche vier dieser »formula veecars« (zwei Formcar und zwei Beach) und stellte sie deutschen Fahrern zur Verfügung. Zeitungen und Fachzeitschriften aller Art feierten den Re-Import des Käfers als Sportgerät und – das Haus Porsche hatte zunächst die Händlerfunktion für die amerikanischen Volks-Rennwagen übernommen – mancher sah schon eine neue Silberpfeil-Ära am deutschen Horizont. Doch so weit sollte es nicht kommen: Da die Ur-Mobile amerikanischer Machart aufgrund des puritanischen Reglements nur unwesentliche Veränderungen an Motor und Fahrgestell erlaubten, erschien den Europäern dieser Formel V dann doch zu serienmäßig. Nicht nur der recht magere Leistungszuwachs von etwa vier PS durch eine offene Auspuffanlage und den abmontierten Luftfilter wurde beklagt, auch die aus Torsionsstab-Vorder- und Pendel-Hinterachse resultierenden Fahreigenschaften fanden trotz des umgekehrt vor der Hinterachse eingebauten Motors (Mittelmotor-Bauweise) nicht ungeteilte Zustimmung.

Schon 1965, kurz nachdem die ersten vierrädrigen Export-Artikel aus der neuen Welt für umgerechnet 10 000 Mark verkauft wurden, nahm eine Eigendynamik ihren Anfang, die aus dem preisgünstigen Renner fürs Volk bis heute eine nicht eben billige Hochleistungsformel entwickelte und die mit der Ur-Idee eigentlich nur noch den Namen gemeinsam hat. Die Bastel- und Modifikationsleidenschaft zahlreicher deutscher, später auch österreichischer, englischer und sogar schweizer Konstrukteure machte sich so lange an dem Einsteiger-Rennauto zu schaffen, bis daraus ein richtig erwachsener und professioneller Monoposto-Rennwagen wurde.

Am Anfang waren die durchgeführten Verbesserungen noch ganz vernünftig: Eine geänderte Hinderradaufhängung mit Längslenkern sowie einer Feder/Dämpfer-Einheit und die Verwendung eines einstellbaren Stabilisators an der Original-Vorderachse (dafür durfte dann eine der beiden Drehstabfedern ausgebaut werden) brachte dem Käfer-Rennwagen schon im deutschen Premierenjahr 1965 recht manierliche Fahreigenschaften bei. Auch die ein Jahr später erteilte Erlaubnis, breitere Felgen und Rennreifen montieren zu dürfen und die Einführung des etwas kräftigeren 1,3-Liter-Triebwerks standen dem Nachwuchs-Renner gut zu Gesicht und hielten die Kosten im überschaubaren Rahmen: Ein vollständig ausgerüsteter Formel V dieser ersten Generation kostete damals um die 10 000 Mark, Feinarbeiten am Motor – weitgehend auf das Polieren von Ein- und Auslaßkanälen sowie der Ventile beschränkt – schlugen mit weiteren 2000 Mark zu Buche. Ein billigeres Instrument für den Einstieg in den offiziellen Automobilsport hatte es bis dahin nie gegeben.

In den folgenden vier Jahren nahmen sich unzählige Ingenieure, Techniker, Autoschlosser und Bastler der Idee »Formel V« an: Hersteller von Fahrgestellen schossen wie Pilze aus dem Boden, und Motoren-Werkstätten, die sich trefflich aufs Frisieren der 1300er-Käfermaschine verstanden, gab's auch bald genug. Die erfolgreichsten und damit auch bekanntesten Namen dieser ersten Ära der Formel V-1300 waren Fuchs, Kaimann, Apal, Olympic und Beach. Die meisten präparierten Motoren der Gründerzeit stammten von den schon im Käfer-Tuning erfahrenen Firmen Mahag, Oettinger und Decker.

Waren dem ganz streng reglementierten 1200-ccm-Käfermotor anfänglich nur knapp 40, später maximal 48 PS zu entlocken gewesen, so erlaubte das Reglement für den 1,3-Liter-Boxer schon so viele Eingriffe, daß die besten Exemplare es bereits auf etwa 58 PS brachten. Damit ließen sich schon ganz beachtliche Fahrleistungen erzielen, die denen der damaligen Renn-Tourenwagen kaum nachstanden. Bei einem vorgeschriebenen Mindestgewicht von 375 kg beschleunigten die Volksrenner so gut wie ein wettbewerbstauglicher Porsche 911, und auch eine Höchstgeschwindigkeit von 180 km/h – je nach Übersetzung und Strecke sogar fast 200 km/h – konnte für einen solch winzigen Flitzer als atemberaubend gelten. Dank des Reglements, das nur feinmechanische Arbeiten an Zylinderkopf, Ventiltrieb und Kanälen erlaubte, behielt der Boxermotor auch weitgehend seine ihm angeborenen Qualitäten: Elastizität und Zuverlässigkeit. Formel-Vau-Maschinen der ersten Stunde ließen sich problemlos aus niedrigen Drehzahlen hochbeschleunigen und hielten für gewöhnlich auch eine ganze Rennsaison ohne zu murren oder nennenswerten Leistungsverlust. Die laufenden Kosten wie Benzin, Öl und Reifen hielten sich – gemessen am Standard anderer Rennsport-Kategorien – aufgrund der weitgehenden Serienmäßigkeit der meisten Teile in Grenzen, und auch über gravierende Leistungsunterschiede brauchte sich kein Fahrer zu beklagen: Drei, allerhöchstens fünf PS betrug die Differenz zwischen den eingesetzten Motoren. All dies garantierte im wesentlichen die Realisierung jener Ideen, die die Gründerväter der neuen Nachwuchsformel im Sinn gehabt hatten: Echter Rennsprot auf günstigstem Kostenniveau unter sportlich-fairen Bedingungen.

Ein noch heute existierender Verein, der »Formel V Europa e. V.« (heute: Volkswagen Motorsport e. V.), wachte nach jedem Rennen über die Einhaltung der technischen Vorschriften; dessen für ganz Europa geltendes Reglement 1967 erlassen wurde. Außerdem wurden Fahrerlehrgänge für Neulinge veranstaltet, und bald gab es neben Sachpreisen wie neuen Käfermotoren oder gar kompletten Neu-Käfern auch Geld für die Sieger: Die Idee wurde allmählich professionalisiert. Anfang 1968 waren etwa 150 Vau-Renner in Deutschland registriert, mindestens noch einmal soviele rasten in nahezu allen europäischen Ländern, in den USA und Südamerika um die Wette. Der Käfer und seine Teile waren auf der ganzen Welt gut eingeführt, Rennen mit Volkswagen schien überall so populär zu werden wie das schlichte Fahren auf der Straße.

Doch der jedem Wettbewerb zugrunde liegende Gedanke, besser – in dem Falle schneller – als die Mitstreiter zu sein, veränderte die Formel Vau-Welt immer deutlicher, noch ehe sie fünf Jahre alt war. In den späten Sechzigern dominierten die Österreicher: Es war die Zeit des genialen Wiener Konstrukteurs Kurt Bergmann, der mit dem ständig weiterentwickelten Austro-Kaimann seinen Fahrern einen beinahe unschlagbaren Siegerwagen in die Hand gab. Sein Starpilot Günter Huber sicherte sich 1967 und 1968 den Europapokal, und zwei weitere Österreicher lernten auf Bergmann-Produkten das Gasgeben und wurden berühmt. Der Jurist Dr. Helmut Marko wurde in den 70er Jahren Werksfahrer bei Porsche und Niki Lauda – das weiß ein jeder – war dreimal Formel-I-Weltmeister und verdient sein Geld auch heute noch in der höchsten Automobilsport-Kategorie.

Als Talentschuppen war die Formel V, wie sich das ihre Erfinder gewünscht hatten, natürlich

Vorder- und Hinterachse waren beim Super V als Dreiecksquerlenker mit zusätzlichen Längslenkern ausgebildet.

bestens geeignet: Ausgeglichene und meist sehr große Startfelder versprachen nicht nur Spannung fürs Publikum, sondern ließen die zumeist unbefangenen Anfänger auch alle Tricks im Umgang mit der Konkurrenz und der Technik erlernen. Erfolgreiche Vau-Treter galten als fahrerisch mit allen Wassern gewaschen und empfahlen sich nachdrücklich für größere Aufgaben. Grand-Prix-Piloten, wie der Brasilianer Emerson Fittipaldi, der Schwede Gunnar Nilsson oder der Engländer Tom Pryce, begannen ihre Karriere in der Formel V.

Die Formel Vau war endgültig den Kinderschuhen entwachsen und ihre Popularität bei Industrie, Publikum und Aktiven stieg unaufhörlich, zumal praktisch im Rahmenprogramm jedes bedeutenderen internationalen Motorsport-Ereignisses auf europäischem Boden auch ein Lauf zu irgendeiner Formel-V-Meisterschaft ausgetragen wurde.

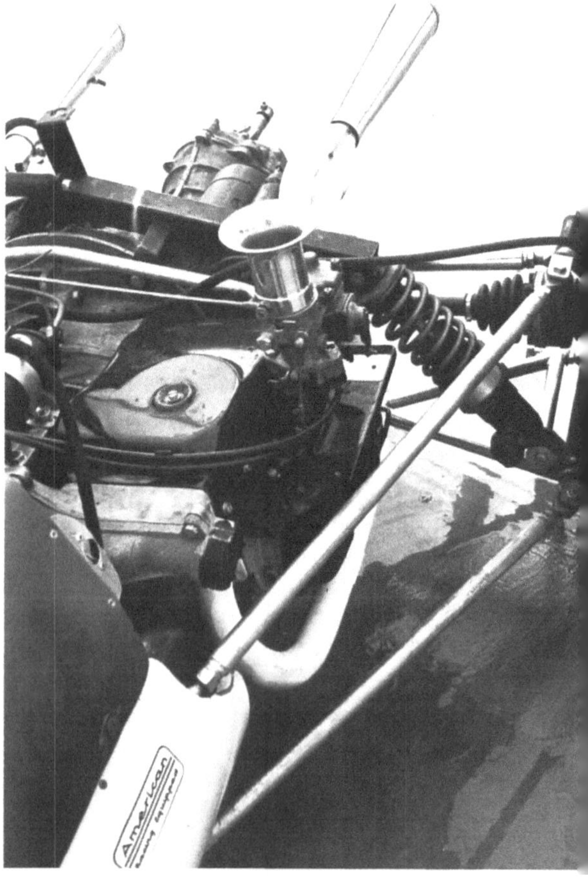

Start der Super V 1973
in Hockenheim.
Mit der Nummer 66
Keke Rosberg
im Rennen.

Die Rennen der Formel
Super V lebten von vielen
interessanten Positions-
kämpfen.

Freddy Kottulinsky auf Lola.

Doch kaum war die Nachwuchsformel auf Käfer-Basis in aller Munde und durch zahlreiche Presseveröffentlichungen auch einer breiteren Öffentlichkeit zugänglich gemacht, kam die große Wende: Ab 1970 erlaubte ein neues Reglement für die Formel-V-1300 die Verwendung von zwei Vergasern (je einer auf jeder Zylinderreihe des Boxers), von Spezial-Nockenwellen und die Umstellung der Ölversorgung auf eine bislang nur in richtigen Rennmotoren eingesetzten Trockensumpfschmierung.

Zusammen mit den schon bislang gestatteten Eingriffen in das Innenleben des Käfer-Triebwerks wurde jetzt eine Höchstleistung von etwa 70 PS ermöglicht, die natürlich die Kosten ebenso steigerte wie die Störanfälligkeit des nach wie vor durch das Original-VW-Gebläse luftgekühlten Vierzylinders. Geschickten Tunerhänden gaben diese neuen Möglichkeiten der Leistungssteigerung natürlich zudem die Chance, durch handwerkliche Tricks und saubere Arbeit echte Siegermotoren zu basteln: Die Leistungsdifferenz zwischen den nach gleichen Vorschriften präparierten Motoren wurde mehr und mehr rennentscheidend. Wer in der Saison 1973 den österreichischen Kaimann mit einem von Oskar Zöllner aus Gerstetten bei Augsburg bearbeiteten Motor mit etwa 95 PS kombinierte, war technisch der Konkurrenz voraus und konnte bis zu einem gewissen Maß fahrerische Schwächen damit ausgleichen.

Doch auch ein anderes Ereignis veränderte zu Beginn des neuen Jahrzehnts die Formel Vau drastisch: Wie schon fünf Jahre vorher kamen auch diesmal zuerst Volkswagen-Freaks aus den USA auf die Idee, angesichts des weltweiten Erfolgs der kleinen V-Renner eine richtige Rennwagen-Klasse auf VW-Basis zu konstruieren: Die

Formel Super Vau. Schon die ersten Modelle, deren Bilder Anfang 1970 in deutschen Fachzeitschriften auftauchten, waren von einem Rennwagen aus dem Bilderbuch kaum zu unterscheiden. Als Antrieb war der mit zwei Doppelvergasern ausgestattete Motor des VW 1600 vorgesehen, der ohne das leistungsreduzierende Gebläse durch den Fahrtwind gekühlt wurde und – genau wie bei den kleinen 1300ern – umgekehrt als Mittelmotor eingebaut wurde. Die Chassiskonstruktion war ein aus Aluminiumblechen zusammengenietetes Monocoque, an das Motor, Vorder- und Hinterachse angeschraubt wurden. Die optisch so charakteristische Käfer-Vorderachse mit den großen Hörnern für die Dämpfer-Anlenkung verschwand und wurde durch eine völlig freigestellte, doppelte Dreieckslenker-Konstruktion ersetzt, wie sie im Rennwagenbau üblich ist. Hinten wurde die in den größeren Serien-Volkswagen bereits eingesetzte, später auch dem Käfer spendierte Doppelgelenk-Hinterachse mit zusätzlichen Längslenkern verwendet. Dieser Formel Super Vau sah nicht nur aus wie ein verkleinerter Formel I, sondern konnte auch auf Anhieb mit erstaunlichen Daten glänzen: 120 PS und eine Spitzengeschwindigkeit von mehr als 220 km/h ließen bereits die ersten Exemplare, die 1971 in Europa eingesetzt wurden, die gleichen und sehr bald bessere Rundenzeiten erreichen wie die damalige Formel III.

Durch diesen Entwicklungsschritt war der Anfang vom Ende der preisgünstigen Einsteiger-Formel mit einem großen Anteil serienmäßiger Käferteile endgültig eingeläutet: Während die Formel Super

Beach, ein formschöner Super V aus Amerika.

Vau den Lizenzfahrern, die eine gewisse fahrerische Qualifikation nachweisen mußten, vorbehalten war, versank die kleine Formel Vau mit den Jahren mehr und mehr in die rein nationale Bedeutungslosigkeit. Ab 1973 konnten auch Motorsport-Anfänger in einem Super Vau ihre Karriere starten. Zwar war der Renner immer noch mit reichlich VW-Teilen, wie Bremsanlage, Hinterachse und dem hubraumreduzierten 1,7-Liter-Triebwerk des VW 411/412 ausgestattet, aber ein leidlich konkurrenzfähiges Auto war kaum unter 30 000 Mark zu haben.
Vom Käfer und dem Gedanken, mit ihm in angemessen abgewandelter Form Rennsport zu betreiben, war kaum etwas übrig geblieben. Die Formel Super Vau, die bis zur endgültigen Abschaffung des luftgekühlten Boxer-Motors im Jahr 1978 noch unzählige Konstruktionen hervorbrachte und deren Motorleistung schließlich gut 160 PS betrug, beherrschte nachhaltig das Geschehen. Piloten, wie der Liechtensteiner Manfred Schurti, der Österreicher Helmut Koinigg oder der finnische Formel-I-Weltmeister von 1982, Keke Rosberg, verdienten sich ihre ersten Lorbeeren in der Super Vau.
Seit 1978 starten Formel-Super-Vau-Rennwagen, der stärker werdenden Bedeutung dieses Triebwerks und den Zeichen der Zeit Rechnung tragend, mit optimal vorbereiteten 1,6 Liter-Motoren aus der Baureihe Golf/Scirocco/Passat. Schon Mitte 1977, als der erste entsprechende Motor für die neue Generation der Formel Super Vau vorgestellt wurde, konnte eine Leistung von 172 PS bei 8200/min präsentiert werden. Heute, in den achtziger Jahren, sind gute – und teure – Exemplare schon beinahe an der 200-PS-Marke gelandet. Im gleichen Maße, wie in den letzten fünf Jahren Leistung, technischer Standard und die Kosten zugenommen haben, hat sich das Interesse der Öffentlichkeit und die Bedeutung der Formel Super Vau als Schule für den Nachwuchs verringert: Mit großen Namen wie noch in den späten 60er und frühen 70er Jahren kann der jetzige Volkswagen-Renner nicht mehr prahlen. Der Käfer und die mit ihm verbundene automobile Weltanschauung verschwand nicht nur von der Straße, sondern – wen wundert's – auch von der Rennstrecke.

Rallye-Käfer

Erst nachdem schon in fast allen Motorsport-Disziplinen Käfer-ähnliche oder mit Käfer-Teilen ausgestattete Wettbewerbsfahrzeuge mitmischten, kam man auf die Idee, den Käfer auch dort einzusetzen, wo er konzeptionsbedingte Vorteile zu haben versprach: Bei Rallyes. Denn die durch den Heckmotor belastete Antriebs-Hinterachse sorgt auch auf schlüpfrigem Untergrund für gute Traktion, der in Form von Schnee, Eis, Schotter oder Matsch praktisch bei jeder europäischen Rallye dazugehört.
Doch nicht ein deutscher Tuner oder gar das Werk in Wolfsburg kamen auf die Idee, sondern die Österreicher. Sie legten den Grundstein zu einer etwa fünfjährigen Käfer-Ära im internationalen Rallyesport.
Der erste Rallye-Käfer entstand 1968 bei dem österreichischen VW- und Porsche-Generalimporteur in Salzburg, von wo auch die Einsätze geleitet wurden und auch später – als der Rallye-Käfer richtig schnell und begehrt wurde – sehr zaghaft einzelne Teile des Kraftpaketes über die Staatsgrenze verkauft wurden. 1972 und 1973 wurden die erfolgreichsten Jahre des Rallye-Käfers, als auf dem VW 1302 S (bzw. 1303 S) in Sportversion mit Star-Piloten wie Harry Källström, Tony Fall, Achim Warmbold und Günther Janger sogar Europameisterschaftsläufe gewonnen wurden. Der fahrbare Untersatz war dabei gemessen am technischen Aufwand heutiger

1973 dominierte Porsche-Salzburg bei den Rallye-Wettbewerben mit einem 126 PS starken Käfer.

Rallye-Autos geradezu spartanisch zurechtgemacht: Das Fahrwerk blieb bis auf die Verwendung von härteren Bilstein-Stoßdämpfern an allen Rädern serienmäßig. Und der auf zuletzt etwa 125 PS bei 6000/min getunte Motor (Basis: 1,6 l/50 PS) wies außer einer eigens konstruierten Trockensumpfschmierung keine sensationellen Besonderheiten auf. Die vom Straßen-Rennsport her bekannte Trockensumpfschmierung war nötig, um in schnell gefahrenen Kurven eine ausreichende Schmierung im Kurbelgehäuse zu gewährleisten. Die 75 Mehr-PS des mit serienmäßigen 1600 ccm Hubraum operierenden Triebwerks resultierten im wesentlichen aus einer schärferen Nockenwelle, bearbeiteten Ansaugkrümmern, größeren Auslaßventilen, polierten Kanälen, halbkugelförmigen Brennräumen, geschmiedeten Mahle-Kolben und natürlich aus zwei Weber-Doppelvergasern, die aus Platzgründen ohne Luftfilter unter die Käfer-Haube gequetscht wurden. Ein derart präparierter Käfer, der mit seiner Serienbereifung der Dimension 165 SR 15 noch recht zivil aussah, brachte es mit allen Rallye-Accessoires wie Spezial-Instrumentierung, Überrollkäfig, 85-Liter-Tank und vier gewaltigen Zusatzscheinwerfern zwar auf 890 Kilogramm Kampfgewicht (mehr als der Serien-Käfer), doch ebenso auf respektable Fahrleistungen: Bis zur Erreichung der 100-km/h-Marke vergingen gerade 9,3 Sekunden (Serie: knapp 20), und mit dem erlaubten Fünfgang-Getriebe des VW-Porsche 914 wurden bei einer langen Übersetzung schon um die 180 km/h Höchstgeschwindigkeit realisiert.

Der Rallye-Käfer, der im wesentlichen so aussah und sich auch so fuhr wie sein Serien-Pendant, war folglich auch gar nicht so teuer: Für 25 000 Mark wurde ein konkurrenzfähiges Wettbewerbsauto auf die Beine gestellt, das sich erfreulicherweise nicht bis zur Unkenntlichkeit von seiner Basis entfernt hatte. Der Rallye-Käfer bewies durch seine bemerkenswerten Sport-Erfolge deutlicher als andere Käfer-Sportversionen (ob nun Formel V oder Off road-bugs), daß auch das prinzipiell als unsportlich geltende Wolfsburger Massenprodukt ebenso schnell wie zuverlässig sein kann.

Baja bugs

Speedy Gonzales, bekanntlich die schnellste Maus Mexikos, muß wohl Pate gestanden haben, als man in den frühen 70er Jahren im sonnigen Südwesten der Vereinigten Staaten mit reichlich präparierten Käfern erstmals durch die glühend heißen Sand- und Felswüsten der zu Mexiko gehörenden Halbinsel Baja California tobte. Die Amerikaner, die den deutschen Käfer entweder heiß und innig liebten oder ihn angeekelt ablehnten, nahmen sich in den 60er Jahren in allen erdenklichen Formen dem soliden Käfer-Krabbeltier (auf amerikanisch »beetle« oder »bug«) an. Neben der auch aus den USA stammenden Formel V entstand der »Baja bug« für die Ende der 60er Jahre aufkommenden Wüstenrennen (»Off Road-Races«).
Trotz nicht unerheblicher Veränderungen an der Karosserie (abgeschnittenes Heckteil und sehr schmale Kotflügel) kam dieses Sportgerät auf Volkswagenbasis dem Erscheinungsbild des Original-Käfers noch am nächsten: Das Reglement für diese Kategorie des Off Road-Sports schreibt auch bis heute die weitgehende Verwendung von VW-Teilen vor. Heute noch muß in der Klasse 5 der Bajabugs mit einem nur wenig modifizierten Käfer-Typ-1-Chassis angetreten werden. Und viele Fahrer verwenden auch in den 80er Jahren noch die gute alte Bundbolzen-Vorderachse. Mittlerweile sind freilich beim Motor so großzügige Eingriffe erlaubt, daß die besten Triebwerke – obwohl auf dem Vierzylinder-Boxer aus Wolfsburg basierend – mit einem Hubraum von bis zu 2,3 Liter und einer Leistung von annähernd 300 PS aufwarten können. Fünfganggetriebe sind ebenso statthaft wie der Einbau einer massiv verstärkten Schräglenker-Hinterachse, deren härteste Schläge von bis zu vier Stoßdämpfern pro Rad leidlich aufgefangen werden.
Es geht bei den Rennen in Kalifornien, Nevada, Arizona und natürlich in Mexiko nämlich nicht nur über Stock und Stein. Bis zu 1000 Kilometer Renndistanz müssen durch ausgetrocknete Flußbetten, durch tiefsandige Salzseen oder über von Felsbrocken übersäte Landstraßen im Renntempo bewältigt werden. Bei der Vorbereitung und Ausstattung dieser Autos erscheint optimaler Schutz gegen die Angriffe von unten dringend geboten: Fünf Millimeter starke Rutschplatten

Beim Off-Road-Rennen schreibt das Reglement die weitgehende Verwendung von VW-Teilen vor.

werden unter die Vorderachse und unter die Antriebseinheit Motor/Getriebe gebaut. Ein Rohrgewirr im Innenraum verhütet als Überrollkäfig im Zweifelsfalle nicht nur das Schlimmste, sondern trägt auch nicht unbedeutend zur Stabilität der bei ungestümer Fahrt arg gebeutelten Karosserie bei. Wie schon gesagt, ein Stoßdämpfer reicht pro Rad gar nicht mehr aus, den Wüsten-Käfer bei den zahlreichen Flugeinlagen einigermaßen auf dem ohnehin nur wenig Griff bietenden Untergrund zu halten. Damit der permanent durch die riesigen Hinterräder aufgewirbelte feine Sand nicht für bleibende Schäden im Motorinnern sorgen kann, wird der (oder die) Luftfilter – rundherum durch eine Blechdose geschützt – einfach aufs Dach montiert. Da auch nicht selten durch die ganze Nacht gefahren wird (zumindest bei der berühmt-berüchtigten »Baja 1000«), verfügen alle Wüstenrenner über eine außergewöhnlich leistungsstarke Beleuchtungsanlage. Mehrere

Die einzigen Deutschen, die je an dem mexikanischen Wüstenrennen mit eigenem Baja bug teilnahmen: Clauspeter Becker und Frank Knipping.

Lange Sandfontänen künden vom Herannahen eines Baja bugs.

Scheinwerfer – zum Teil auf dem Dach oder in Höhe der Gürtellinie installiert – ermöglichen durch ihre bis zu 1000 Watt aufnehmenden Halogen-Lampen, daß die Durchschnittsgeschwindigkeiten auch bei Dunkelheit nicht allzusehr abfallen und verhindern zudem ungewollte Ausritte: Die nur selten auf hinreichend markierten, offiziellen Wegen führende Route entbehrt zu ihrem größten Teil jeglicher natürlicher Begrenzung. Die zu durchquerenden Salzseen sind topfeben und bis zu zehn Kilometer breit – eine Orientierung ist nur mit exzellentem Licht an den Spuren der Vor-Raser möglich.

Baja bugs erfreuen sich bis heute – trotz weltweitem Käfer-Abgesang – im Südwesten der USA großer Beliebtheit: Bei den Rennen stellen die beiden für die bugs reservierten Klassen immer noch die größte Teilnehmerzahl, und auf den schicken Boulevards der großen Städte wie auf den verwahrlosten »main-streets« in abgelegenen Wildwest-Dörfern gehören Baja bugs zum Straßenbild. Technisch und vor allem optisch an

Neben den Baja bugs mit Käfer-Karosserie gibt es auch eine Wettbewerbsgruppe, die formal keine Verwandtschaft zum Käfer aufweist. Die Karosserie orientiert sich an Rennwagen. Achsen und Motor stammen vom Käfer ab.

Ein Sand-Buggy mit Käfer-Chassis und Fiat-Karosserie. Die lange Fahnenstange ist erforderlich, damit in den tiefen Dünentälern der Gegenverkehr den herannahenden bug frühzeitig orten kann.

Nur ein massiv verstärktes Fahrwerk hält die Torturen beim Ritt durch die Wüste aus.

den sporttreibenden Vorbildern orientiert, hoppeln überall vorne und hinten gestutzte Käfer durchs Land, von denen sich einige durch phantastische Lackierungen, vollständige Verchromung von Auspuffgewirr, Vergaser und Felgen und einer überdimensionierten Bereifung die Publikumsgunst streitig machen.
Neben den Bajabugs mit Käfer-Karosserie gibt es auch eine Wettbewerbsgruppe, die formal keine Verwandtschaft zum Käfer aufzeigt. Anstelle der Käfer-Karosserie und dem käferüblichen Plattformrahmen sind die beiden Achsen an einem Gitterrohrrahmen angeflanscht, der auch den luftgekühlten Boxermotor aufnimmt. Die Karosserie des ein- oder zweisitzigen Dünenflohs orientiert sich an Rennwagen – hier allerdings mit einem kräftigen Überrollkäfig.
Mehr als irgendwo sonst auf der Welt zeigt sich im experimentierfreudigen Kalifornien, daß der »Volkswagen« schlechthin, der Käfer, bald zur exklusiven Rarität werden wird: Kaum ein beetle kommt im Seriengewand daher, die allermeisten sind auf »Off-Road-Käfer« getrimmt. Und da sie in Kalifornien sowieso kaum rosten, überleben viele von ihnen zu sagenhaften Preisen: Ein gebrauchter Alt-Käfer ist üblicherweise nicht unter umgerechnet 6000 Mark zu bekommen und für gut gemachte Straßen-Baja bugs sind über 30000 Mark fällig.
Der Käfer lebt – zumindest die kalifornische Version.

Stock-car-Rennen

Bei Stock-car-Rennen – im Volksmund Karambolage- oder Schrottwagenrennen genannt – werden heute noch Käfer gefahren: Es kommt bei diesen Wettbewerben, bei denen Überschläge und gezielte Zusammenstöße nicht nur erlaubt, sondern auch erwünscht sind und zu besseren Siegchancen verhelfen, nicht so sehr auf hohe Leistung an: Stabilität, Solidität und gute Nehmer-Qualitäten sind gefragt. Siegen kann man nur, wenn man möglichst viele Konkurrenten von

Dieser Stock-car-Renner hat einen 2,2-Liter-Porsche-Motor mit 160 PS unter der Haube.

der meist ovalförmigen Piste drängt, sie zu spektakulären Überschlägen nötigt oder am besten gleich werkstattreif abschießt. Und solche Wettbewerbe, die mit Motorsport nach Meinung vieler Experten nichts mehr zu tun haben, kann man fast mit jedem Auto machen: Sie sollten billig und überall zu kriegen sein. Alle anderen benötigten Fähigkeiten kann ihnen jeder einigermaßen in der Schweißtechnik begabte Mechaniker anerziehen. Der Käfer und seine Teile sind bei dieser Art Wettbewerb nicht zuletzt deswegen im Einsatz, weil er aufgrund seiner großen Verbreitung in allen Farben und Formen auf praktisch jedem Schrottplatz in Deutschland rumliegt.
Die Rennen, deren Durchführung kein Club oder Verband kontrolliert oder gängelt, erfordern nur einen bereitwilligen Bürgermeister, damit die örtliche Müllkippe für ein Wochenende zur Rennpiste wird.

Dragster-Rennen

Autorisierte Absicherung in höchstem Maße verlangt ein Motorsport, der bis heute nur in den USA breitere Fan-Schichten anspricht und bei dem auch Käfer am Start sind: Dragster-Rennen. Dabei geht es im wesentlichen darum, mit allen zu Gebote stehenden Mitteln die Strecke einer Viertelmeile (402,5 Meter) mit stehendem Start in möglichst kurzer Zeit hinter sich zu bringen. Die Stars jener Beschleunigungs-Orgien schaffen das in knapp sechs Sekunden und kommen dabei auf Endgeschwindigkeiten, die kaum ein Rennauto erreicht: Bis zu 400 km/h. Angetrieben werden diese Monster, deren meist einmalige Herstellung zehntausende von Dollars kostet, von allem, was aus Verbrennungswärme Vortriebsenergie macht: Vom Kompressor-bewehrten V 8 amerikanischer Provenienz bis zum ver-

Dieser amerikanische Sand-Dragster wird von einem Käfer-Motor angetrieben, dessen Hubraum auf 2,2 Liter angehoben wurde. Für weitere Kraftentfaltung sorgt ein Abgas-Turbolader.

In der Disziplin der seriennahen Dragster muß nur die Karosserie noch an das Fahrzeugmodell erinnern, ansonsten sind alle Modifikationen erlaubt.

kleinerten Gas-Strahl-Triebwerk aus dem Starfighter-Düsenjäger oder einem aufgeblasenen Käfer-Triebwerk mit rund 260 PS. Die Amerikaner kriegen alles zwischen die voluminösen Hinterräder.

Der Käfer spielt allerdings auf diesem von unerträglichem Lärm und ätzenden Nitro-Methan-Gasen gekennzeichneten Schlachtfeld meistens nur als Silhouette eine Rolle: In der Klasse für seriennahe Dragster, die aber auch nach gut zehn Sekunden auf 240 km/h sind, bauen sich die erfolgreichsten Dragstripper über ihr Rohrrahmen-Fahrgestell, an dem ein aufgeladenes Chevy-Triebwerk mit gut 500 PS zerrt, gerne eine Käfer-Karosserie aus Fiberglas. Denn vorgeschrieben sind neben technischen Einschränkungen nur die optische Silhouette des Fahrzeuges, auf das sich der Besitzer bei der Nennung beruft. Und die Zuschauer klatschen Beifall, wenn immer ein solcher Käfer-Dragster an der Startampel Aufstellung nimmt: Obwohl sie wissen, was unter der einteiligen Käfer-Kunststoffschale vorgeht, finden sie es großartig, wenn der »Bug« das Rasen lernt.

Autocross

Schon wieder weit mehr mit europäischem Wirklichkeitsdenken haben die Geräte zu tun, die bei sogenannten Auto- oder Rallyecross-Veranstaltungen teilnehmen. Das sind Geländerennen oder -rallyes in besonders unwegsamem Gebiet: Beispielsweise auf von Panzern ausgiebig bearbeiteten Militär-Übungsplätzen. Die Assoziation zum mit zwei Rädern ausgetragenen Moto Cross liegt nahe: Auch beim Autocross geht's über Steilhänge rauf und runter, durch lange, nach außen hängende Kurven, über vermatschten Untergrund und über fußballtiefe Schlaglöcher. Bei derartigen Torturen ist der Käfer zwar selbst

ɪeim Autocross wird gern auf das robuste ;äfer-Fahrgestell zurückgegriffen. Tech-ɪisch und in der Karosseriegestaltung sind ɪei dieser Motorsportart so ziemlich alle ariationen möglich.

nur selten vertreten, aber Teile von ihm. Wenn im Programmheft einer Autocross-Veranstaltung beispielsweise in der Rubrik Fahrzeug die Bezeichnung »VW-BMW-EB« steht, so kann man davon ausgehen, daß es sich um einen Eigenbau (EB) mit Käfer-Fahrgestell handelt, in das ein BMW-Motor verpflanzt wurde. Solche Absurditäten – zumindest für den respektierten Motorsportler – sind nach dem Reglement durchaus gestattet. Aber selbst solch gewagte Kombinationen haben dem Autocross-Sport nicht zu größerer Bedeutung verhelfen können und der Einsatz von Teilen aus dem VW Käfer schon gar nicht. Dennoch: Die Starterfelder bei solch einer eher als Randgruppe zu bezeichnenden Motorsport-Gattung wären nennenswert kleiner, wenn es den Käfer und seine bewährten Teile nicht gäbe.

Rundstrecken-Rennen

Keineswegs als Randgruppe im Motorsport gilt die Abteilung Rundstrecken-Rennen. Auf abgeschlossenen, oft permanenten Straßen-Rennstrecken (Hockenheimring, Nürburgring) rennen seit es das Auto gibt mehr oder weniger serienmäßige Fahrzeuge gegeneinander: Tourenwagen, Sportwagen, Einzel-Prototypen. Ein exaktes und kompliziertes Reglement schreibt das Maß der Veränderungen am Fahrzeug je nach Klasse oder Kategorie vor, und so werden Wettbewerbe mit nur unwesentlich verbesserten Fließbandautos in der Gruppe 1 ausgetragen und ebenso Weltmeisterschaften mit Autos, von denen nur drei auf der ganzen Welt existieren, zum Beispiel in der Gruppe C. Dort dominiert derzeit ein Auto, das man wohl nur für weit über 600000 Mark käuflich erwerben kann, das aber nur auf der Rennstrecke zu fahren erlaubt ist und das mit einem Gebrauchsobjekt für den Straßenverkehr nichts mehr gemeinsam hat: Der Porsche 956. Er wird von einem mit zwei Abgas-Turboladern nach Kräften unterstützten Sechszylinder-Boxermotor angetrieben, der etwa 630 PS entwickelt und dessen Motorgehäuse als einziges Bauteil noch eine gewisse Ähnlichkeit mit dem Gehäuse nachweisen kann, das im serienmäßigen Porsche 911 das Herz des schon sehr sportiven Triebwerks darstellt.

In diesem breiten Spektrum von Sport-Wagen für die Straße gab es natürlich auch Platz für den Käfer, der ulkigerweise sein Rundstrecken-Debüt in der Gruppe der GT-Fahrzeuge feierte. Ein typisches GT (Gran Tourismo)-Auto war in den späten 60ern, als die ersten Sport-Käfer auftauchten, zum Beispiel der Porsche 911 S oder der MG B. Erst später wurden Käfer auch in der Gruppe 1 (Serien-Tourenwagen) oder in der Gruppe 2 (Spezial-Tourenwagen) zugelassen. Trotz dieser ihrem Charakter grundsätzlich mehr entsprechenden Klassifizierung gewannen Gruppe-1- oder -2-Käfer auf deutschen oder europäischen Veranstaltungen nur selten größere Blumentöpfe: Am erfolgreichsten wurden getunte Käfer noch bei Bergrennen eingesetzt, wo Höchstleistung und Ausdauer nur für einen relativ kurzen Zeitraum erforderlich waren: Zwei Durchgänge à zehn Minuten ließ sich ein heiß gemachter Käfer schon eine kurvige Berg-Rennstrecke hinaufprügeln. Bei zumindest eine Stunde andauernden Rundstreckenrennen, die praktisch immer an der Leistungsgrenze und im höchsten Drehzahlbereich gefahren wurden, ging den durchaus flotten Käfern konzeptionsbedingt meistens frühzeitig die Luft aus: Entweder versagte das unzureichende Kühlsystem seinen Dienst und ließ die Maschine kollabieren oder der aufwendige Ventiltrieb setzte durch vorzeitigen Zusammenbruch den weiteren zügigen Vortrieb Grenzen. Trotz erheblicher Verstärkungen war das Material in diesem Bereich oftmals schlicht überfordert. Heute sind stoßstangengesteuerte Motoren mit zentraler Nockenwelle im Motorsport praktisch ausgestorben.

Für Arm, Bein und Brust – das Zubehör im Käfer

Ob in Rußland, Amerika oder in Europa: Wenn die Autofahrer zum Lenkrad greifen, haben mehrere Millionen die Lenkradhülle »AVUS« in der Hand. »Das ist unser absoluter Renner«, weiß Karl Meier zu berichten. Das war nicht immer so, denn als Karl Meier, bekannter unter dem Namenskürzel »KAMEI«, aus der Kriegsgefangenschaft zurückkehrte, war er zwar wieder in der Autostadt Wolfsburg zu Hause, doch sein Arbeitsplatz war weggebombt.

»Schon 1939«, so erinnert sich Karl Meier, »ging ich nach Wolfsburg«. Damals war er noch Techniker bei Opel in Rüsselsheim. Doch das neue Volkswagenprojekt faszinierte ihn, so daß er – wie viele andere »Opelianer« – kurzerhand nach Wolfsburg umzog.

Unter Kales, einem Mitarbeiter Porsches, war Karl Meier in der Karosserieabteilung tätig. Und noch heute ist er stolz darauf, daß er die Einstellungsnummer 24 des Volkswagenwerkes besitzt. Karl Meier war also im Volkswagenwerk ein Mann der ersten Stunde, der eigentlich wegen des Personenwagens nach Wolfsburg ging, dann jedoch vornehmlich Kübel- und Schwimmwagen fertigstellte.

Kurz vor Kriegsende wurde Karl Meier noch auf den Flugzeugbau umgeschult, doch blieb das nur eine kurze Episode in seiner Tätigkeit als engagierter Karosseriemann. Denn gleich nach dem Krieg konnte er, wenn auch in anderer Position, in seinem angestammten Beruf weitermachen. In Wolfsburg hatte sich inzwischen Heinrich Schwen mit einem kleinen Karosserie-Reparatur- und Aufbau-Betrieb selbständig gemacht. Schwen war viele Jahre im Volkswagenwerk Schulungsleiter, er schrieb unter anderem ein Drehbuch für einen Schulungsfilm über Schwimm- und Kübelwagen. Durch seine langjährige Verbindung mit dem Volkswagenwerk hatte er einen guten Draht zu Stellen, die ihn mit Volkswagenteilen versorgten.

In diesem Betrieb konnte Karl Meier seine Karosseriebauerfähigkeiten voll einsetzen, denn es galt, aus Alt- und Neuteilen fahrfertige Fahrzeuge herzustellen. Gefragt waren 1947, als der Betrieb mit der Fertigung begann, vor allem Nutzfahrzeuge.

Deshalb wurde ein Gitterrahmen auf die Käfer-Plattform geschweißt und anschließend mit Blechplatten bestückt. Es entstanden in Wolfsburg die ersten Nachkriegs-Pick-ups und Kastenwagen, die unter anderem von den örtlichen Bäckern in Wolfsburg geordert wurden. Schwen beschäftigte in jenen Jahren rund 20 Mitarbeiter und fertigte etwa 20 bis 30 Käfer-Nutzfahrzeuge, die über das normale Händlernetz vertrieben wurden und deren Verkauf selbst in der Schweiz problemlos über die Bühne ging. Bei Schwen wurden seinerzeit auch die ersten Käfer-Rennwagen für Kuhnke und Petermax Müller gefertigt. Die kleine Firma hatte einen engen Stamm guter Mitarbeiter, die noch aus einem Stück Blech mit Hammer und Holzbock jede gewünschte Form herstellen konnten.

So war es auch nicht verwunderlich, daß bei Schwen eines der ersten Käfer-Coupés entstand. Geldgeber war Peter Lorenz, der durch den Verkauf verschiedener Grundstücke über ausreichende Geldmittel verfügte.

Für das Coupé zertrennte Karl Meier einen vorhandenen Käfer der Länge nach und verbreiterte ihn um 12 Zentimeter. Gleichzeitig wurden Dach und Front wie auch die Heckpartie völlig neu gestaltet. Wobei man teilweise die vorhandene Form beibehielt und gleichzeitig neue Blechstücke einsetzte, so daß ein völlig neues Coupé entstand, bei dem man eine geteilte Frontscheibe verwirklichte, aber auf die Trittbretter verzichtete. Außerdem verwirklichte Karl Meier in dem Coupé erstmals nach seinen Vorschlägen gut geformte Sitze, die er Körperformsitze taufte. Von dem Coupé, dem ein Hauch eines Porsche 356 anhaftete, sind insgesamt nur zwei Stück gefertigt worden.

Nachdem die Währungsreform 1948 das Wirtschaftsleben praktisch über Nacht völlig umkrempelte, gab es bei der Firma Schwen die ersten Probleme. Denn inzwischen hatte Nordhoff das Ruder im Volkswagenwerk übernommen, und er sorgte dafür, »daß den Bastlern da draußen das Handwerk gelegt wurde«.

Schwen, der die ersten Käfer nach dem Krieg für den freien Markt angeboten hatte, fehlte plötzlich der Nachschub an Käfer-Fahrgestellen. Damit war der jungen Firma die Existenzgrundlage entzogen, und sie mußte 1949 den Betrieb einstellen (ein ausführlicher Bericht über die Firma Schwen erscheint in Käfer IV).

Das war wiederum Glück für Karl Meier, denn nun mußte er sich entscheiden, wie es beruflich weitergehen sollte. Er entschied sich für das freie Unternehmertum. Zwei Umstände halfen ihm dabei. Denn zum einen konnte er fast kostenlos eine ausgebrannte Halle mieten und zum anderen hatte die Firma Schwen eine Baracke voller Käfer-Sitzgarnituren hinterlassen.

Die kaufte Karl Meier auf, strich die Gestelle neu an und polsterte sie mit neuem Stoff auf. Daran kann sich Sohn Klaus noch genau erinnern, denn er mußte nach Schulschluß die Gestelle streichen. Und Sohn Uwe weiß zu berichten, daß die fertigen Sitzgestelle mit dem Stoff-Design »Pfeffer und Salz« bezogen wurden. Die Erinnerung ist ihm so deutlich geblieben, da beide Söhne seinerzeit in selbstgeschneiderten Pfeffer- und Salz-Kombinationen zur Schule schritten. Die Sitze wurden von VW-Händlern aufgekauft, die ihrerseits wieder damit alte Käfer aufmöbelten.

Das Geschäft mit den aufmöblierten Sitzgarnituren lief hervorragend, doch irgendwann waren sie aufgebraucht, und Vater Meier dachte angestrengt über neues Käfer-Zubehör nach.

Da sich der Dreimann-Betrieb schon auf die Fertigung und Garnierung von Sitzbezügen verstand, wurde als nächstes Produkt die Herstellung von Schonbezügen aufgenommen. Über mangelnden Verkauf mußte sich die junge Firma Meier nicht beklagen, denn jeder neue Käfer wurde seinerzeit gleich mit Schonbezügen versehen, um beim Wiederverkauf – ohne Schonbezüge – einen gepflegten Eindruck zu vermitteln. »Die Schonbezüge«, so Sohn Klaus Meier, »wurden uns aus den Händen gerissen. Und da wir sie auch gleich montierten, standen vor unserem Betrieb täglich fast immer 15 Volkswagen.«

Inzwischen hatten auch andere Firmen das Geschäft mit den Schonbezügen entdeckt, und da sie aufgrund größerer Stückzahlen preiswerter produzierten, konnte Mutter Meier die Nähmaschine in die Ecke stellen, und Vater Meier mußte sich ein neues Produkt für den Käfer einfallen lassen. Er hat, man darf es schon vorwegnehmen, auch die weiteren 30 Jahre seines Schaffens ausschließlich nur an Produkte gedacht, die für den Käfer bekömmlich waren.

1950 rollten schon 100000 Volkswagen auf unseren Straßen, so daß sich der Verkauf zusätzlichen Zubehörs lohnte. Ein weiteres Produkt, welches Karl Meier für den Käfer einfiel und das sich auch in eine Serie umsetzen ließ, war die Abdeckung für den hinteren Kofferraum. Dadurch wurden nicht nur die Blicke in denselben verwehrt, sondern auch die Geräusche des kernigen, luftgekühlten Triebwerks gemindert. Zudem erlaubte eine zusätzliche Klappe in der Klappe einen leichten Zugang zum Kofferraum.

Nachdem die Klappe für den hinteren Kofferraum vom Markt gut aufgenommen worden war, gab es für Karl Meier kein Halten mehr. Kaum ein Platz im Käfer, den er nicht für sich beziehungs-

Dieses Coupé wurde 1949 unter der Leitung von Karl Meier bei Schwen in Wolfsburg gefertigt.

Nur die Kotflügel erinnern noch an den Käfer.

Die Sitze wurden nach den Vorstellungen von Karl Meier geformt. Er nannte sie »Körperformsitze«.

Das Coupé war 12 Zentimeter breiter als der Käfer und besaß keine Trittbretter mehr.

Diesen Pick-up Käfer entwickelte Karl Meier 1950 in Wolfsburg.

Käfer-Styling von Karl Meier aus dem Jahr 1953.

Die erste Werkstatt von Karl Meier in Wolfsburg. Als Blickfang für die Kunden diente ein Cabrio.

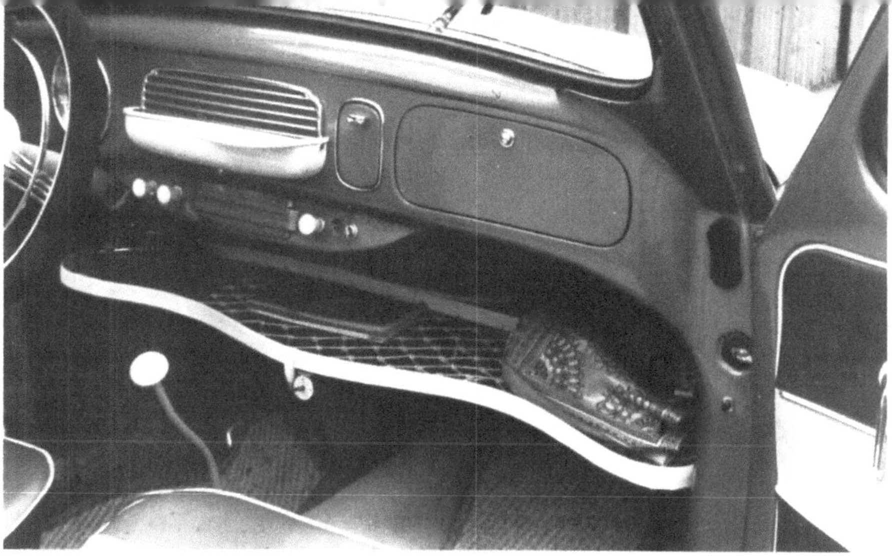

Kamei-Ablage mit elastischem Rahmen und Benzinhahnverlängerung.

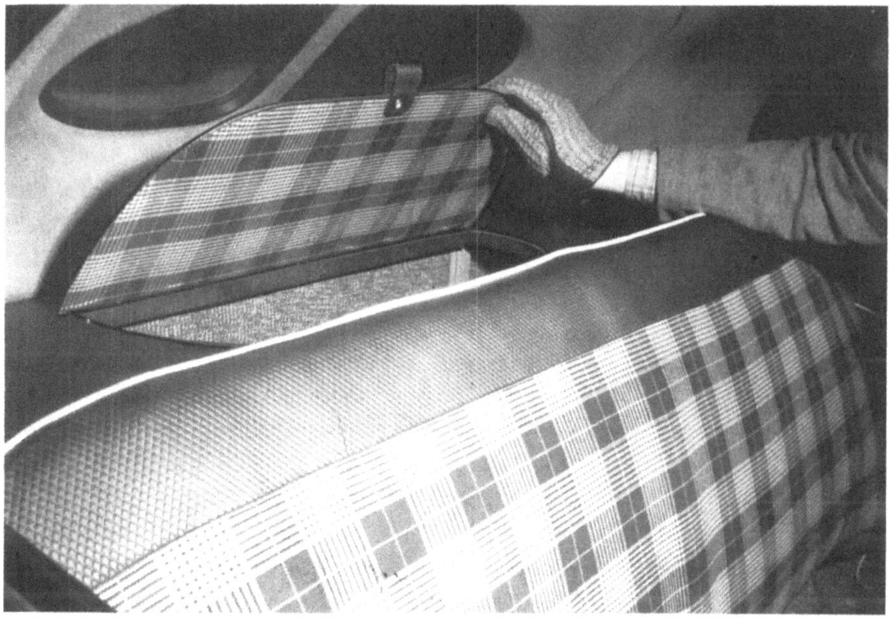

Kamei-Kofferraumabdeckung mit Schachtöffnung aus dem Jahr 1952.

Ein Platz für den Hut. Entwickelt 1958 von Karl Meier.

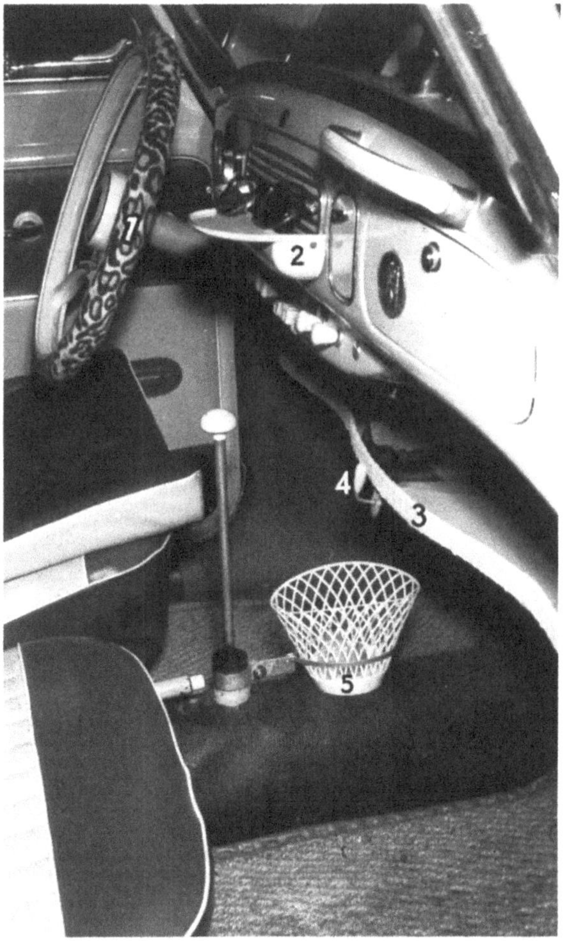

Kamei-Ablagen aus den fünfziger Jahren: Lenkradhülle »Tigerfell« (1); Picknickablagetisch (2); Sicherheitsablagefach (3); Benzinhahnverlängerung (4); Abfallkorb (5).

weise für ein praktisches Zubehör zu nutzen wußte.

Da man im Käfer schon immer unter beengten Verhältnissen auskommen mußte, versuchte Karl Meier mit seinen Produkten Ordnung zu schaffen und den Komfort für Fahrer und Beifahrer zu erhöhen.

Nach der Ablage unterhalb der Armaturentafel, die es wiederum erforderlich machte, daß der Kraftstoffhahn verlängert wurde, widmete sich Karl Meier verstärkt »Nacken, Arm, Fuß», wie es in einem Anzeigentext hieß. Wo immer noch ein Plätzchen frei war, schuf Karl Meier ein neues Produkt: Ein Kissen für den Nacken, das Knie oder den Arm. Und wenn alle Glieder geschützt waren, sorgte Karl Meier für den Schutz der Kokosmatte, die im Bereich der Fußauflage schnell durchscheuerte. Damit verbunden war gleichzeitig eine Platte, die nicht nur die Gasrolle verdeckte, sondern auch für einen angenehmeren Bewegungsablauf beim Gasgeben sorgte. Um zu prüfen, wie ein neues Produkt ankam, schickte Karl Meier seine Söhne mit einem Stoß Werbezettel auf die werkseigenen VW-Parkplätze, um unter jedem Scheibenwischer eine entsprechende Offerte zu hinterlassen. Wenn dann die Nachfrage durch die Werksangehörigen einsetzte, hatte das neue Produkt seine Feuertaufe bestanden.

Vieles, was sich Meier im Lauf der Jahre für den Käfer oder den Fahrer ausgedacht hatte, wurde Jahre später offiziell im Käfer eingebaut. So zum Beispiel die Gasplatte anstelle der Gasrolle. Oder die Abdeckung für den hinteren Kofferraum, die Nackenstütze, Fersenbretter oder ein schlichter Einsatz für das kleine Handschuhfach, den das VW-Werk erst in seinem 1303 Käfer verwirklichte. Und wenn Karl Meier alle Plätze im Käfer belegt hatte, dann fiel ihm auch noch etwas für die Außenhaut ein, wie zum Beispiel eine Manschette, die das Vereisen des Türschlosses verhindern sollte.

Es gab von Kamei für den Käfer eine »Nachthaube« oder auch eine »Schlafeinrichtung«, mit der man als Käfer-Besitzer laut Pressetext »jeder Situation gewachsen war«.

Natürlich gab es von Kamei auch Produkte, die vom Markt nicht angenommen wurden. 1953 fuhr Karl Meier voller Stolz mit seinem Käfer zum Genfer Auto-Salon. Schon damals waren er und ein junger Flugzeugingenieur zu der Überzeugung gekommen, daß sich der Käfer mit einem Spoiler besser lenken ließ. Der Spoiler hieß

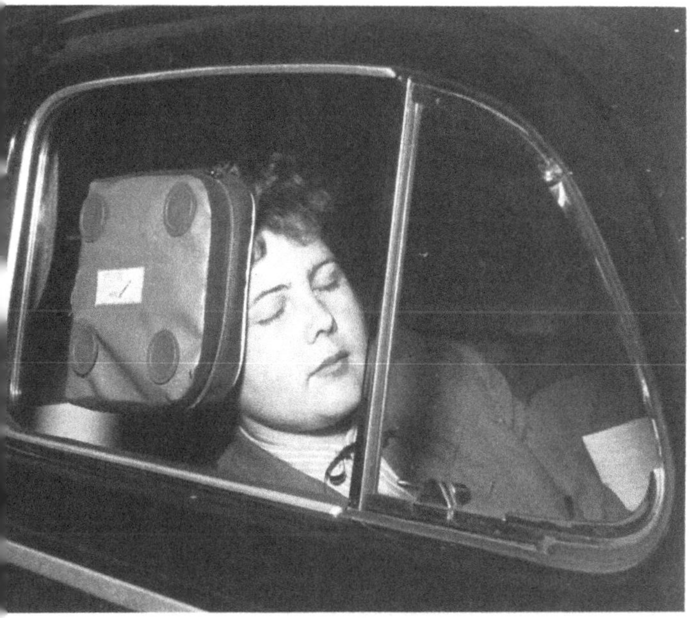

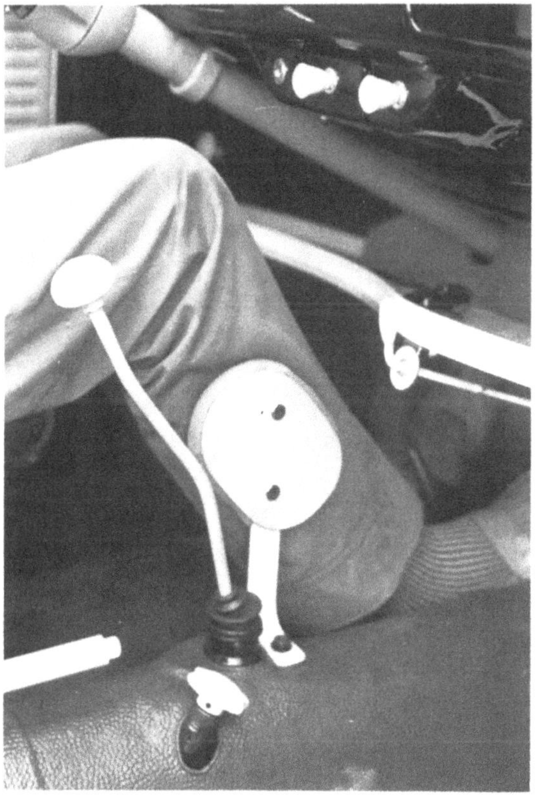
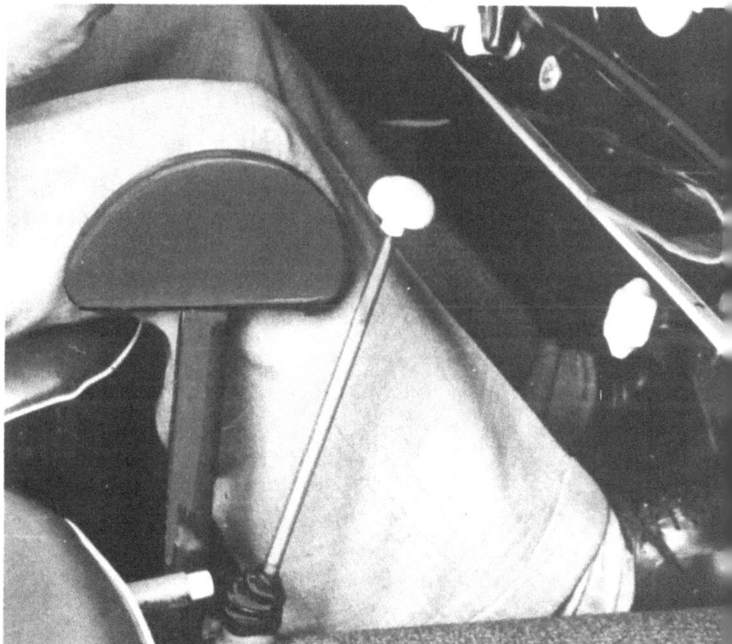

Mit Kameis Hilfe wurde alles abgestützt: Kopf, Arm, Knie und Wade.

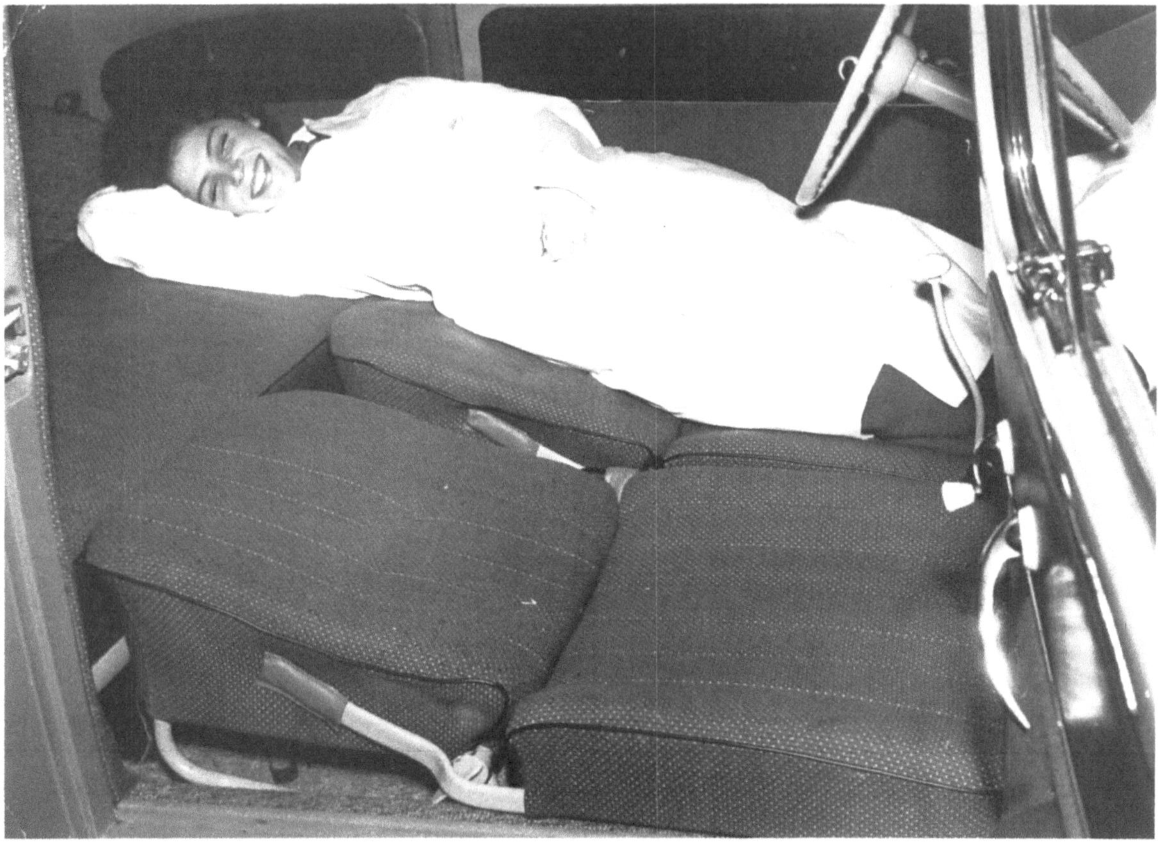

»Mit der Schlafeinrichtung von Kamei (1955) sind Sie jeder Situation gewachsen.«

Begehrtes Zubehör in den sechziger Jahren für den Käfer: Dachgepäckträger und Schutzhaube für das Autodach.

Fußablage für den Fahrer und Fußstütze für den Beifahrer von Kamei aus dem Jahr 1952.

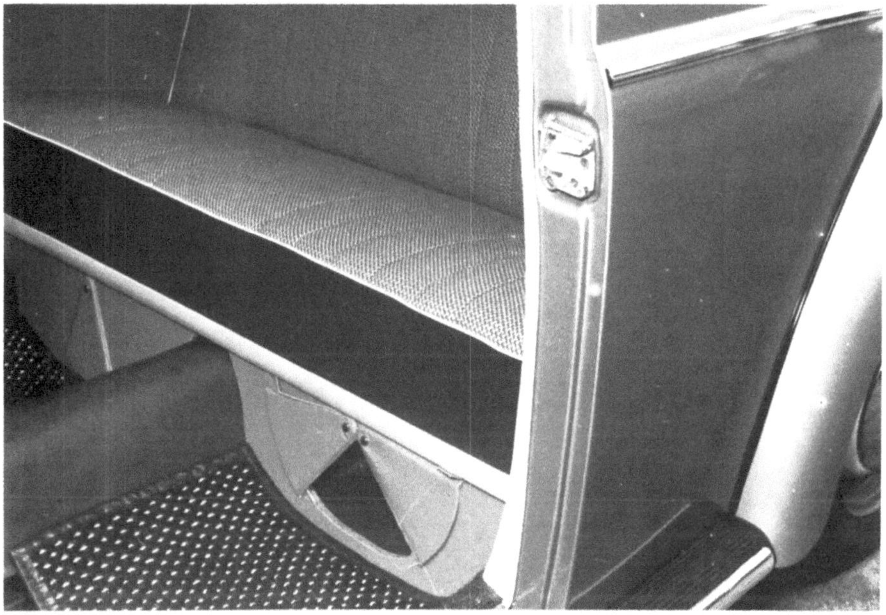

Fersenbretter mit Luftaustrittregelung und Matten- sowie Schuhschoner einschließlich Gasplatte (1956).

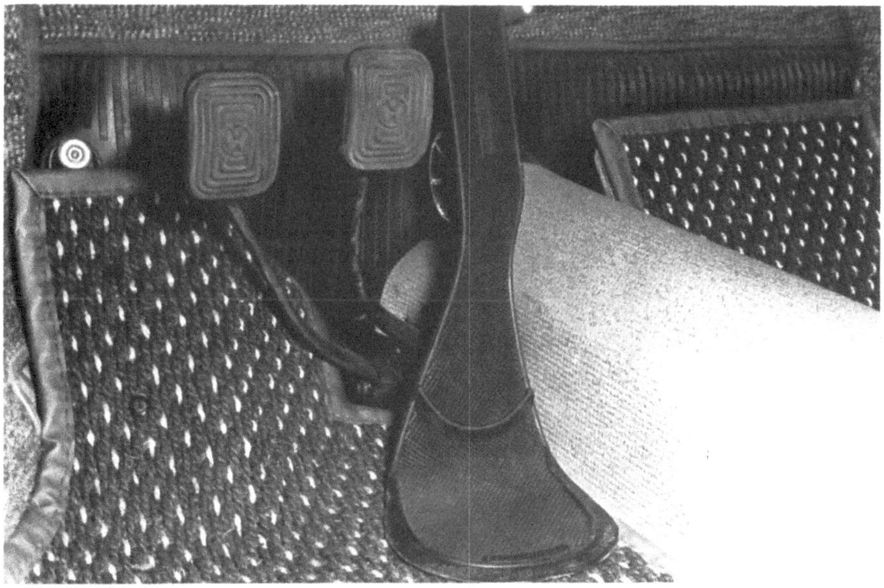

Die Stoßstangenblende von Kamei für Käfer mit hochgesetzten Stoßfängern ging nicht in Serie.

1953 präsentierte Karl Meier auf dem Genfer Salon sein »Tiefensteuer« für den Käfer. Es ging nicht in Serie.

Nebelscheinwerfer und Starktonhörner von Bosch.

Einbau-Blinkleuchten für den nachträglichen Einbau von Bosch.

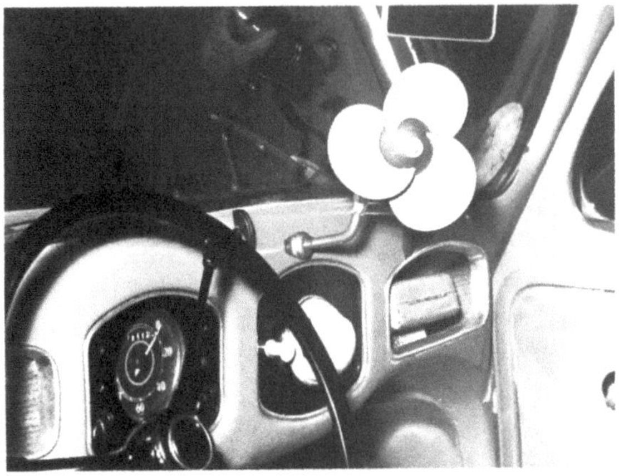

Behr-Auto-Quirl.
»Wer ihn kennt, mag ihn nicht mehr missen«.

Die Blumenvase durfte im Käfer nicht fehlen.
Sie wurde von den verschiedensten Herstellern in Stahl, Glas und Keramik hergestellt.

Hella bot zum Preis von 36 Mark Nebelscheinwerfer einschließlich der erforderlichen Stoßstangenhörner an.

Die Autoradios waren in den fünfziger Jahren recht sperrig und erforderten viel Platz.

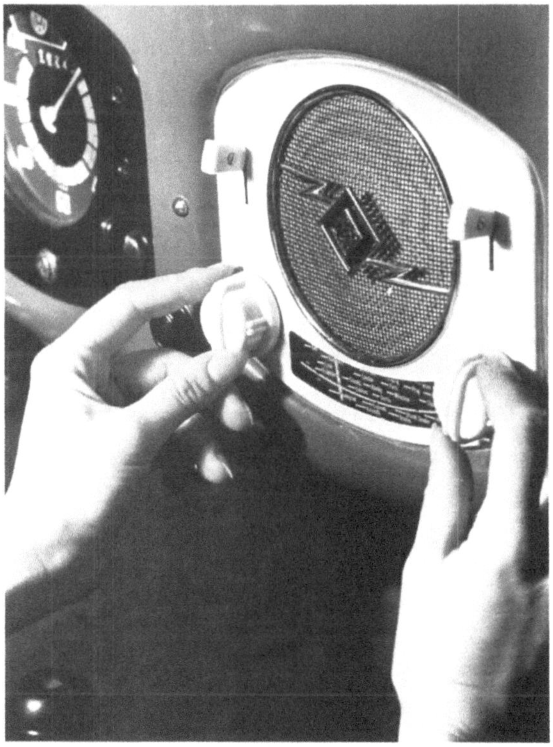

Klemm-Außenspiegel
für die vordere Haube.

Helphos-Suchscheinwerfer.

Schäferkralle
für das Abziehen
der Radkappen.

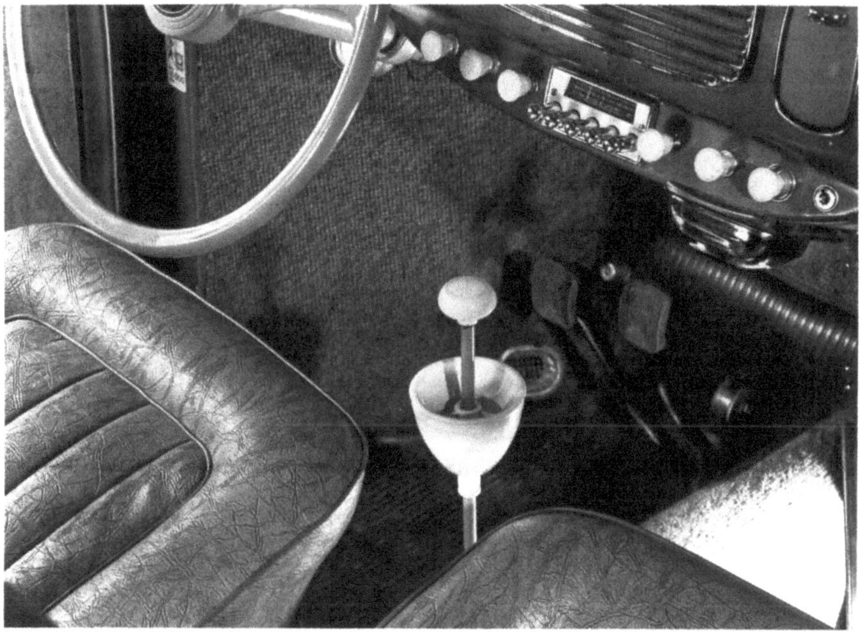

Schenk-Kunststoff-
Aschenbecher »ist eine
kleine Sensation.
Keine Bohrlöcher
und Schrauben«.

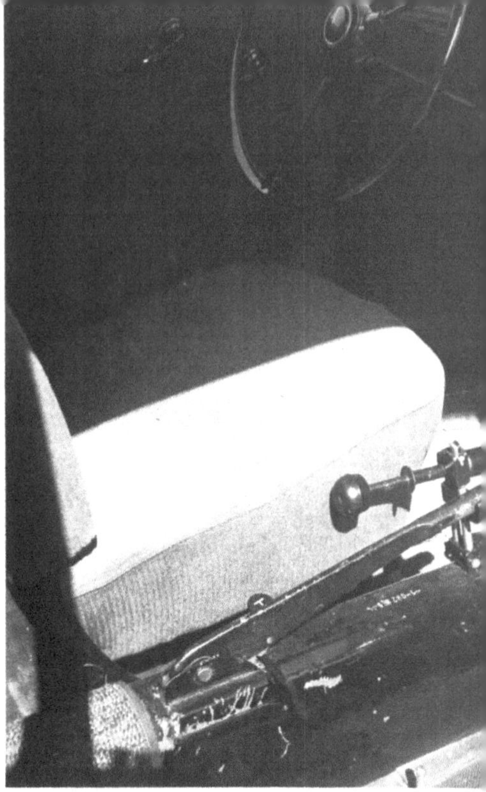

Dehne Auto-Sicherung durch arretierbaren Schalthebel und Ingenia Lenk- und Zündschloß.

Peilstäbe zum leichteren Einparken.

Nachdem die Rammstoßstangen 1955 für die USA Vorschrift geworden waren, wurden sie hierzulande von vielen Käfer-Besitzern nachträglich montiert.

Gepäcknetz für leichtere Gegenstände.

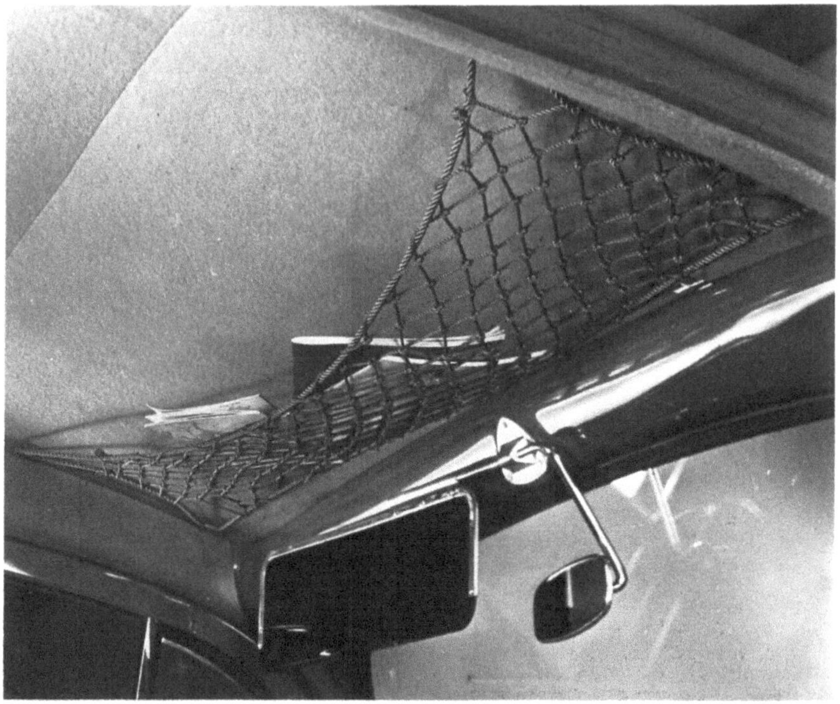

Beliebt: Scheinwerferblenden, deren Verwendung wegen erhöhter Verletzungsgefahr der Fußgänger in den sechziger Jahren verboten wurde.

Chromzierrat in jeder Form:
Auspuffblende, Steinschlagecken,
Radzierringe, Zierleisten.

Zum nachträglichen Einbau in Käfer mit geteilter Heckscheibe: Großes Heckfenster von Joch.

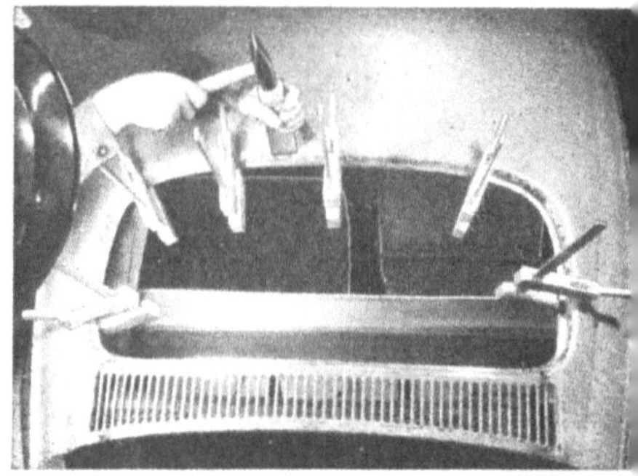

D. Einsatz neuer Blechteile (Bild 5).

Vor dem Elektropunkten befreien Sie die Blechkanten innen und außen mit einem auf 5 mm begrenzten Schaber vom Lack.

Das ganze Rahmenteil legen Sie in die Karosserie von innen ein (Bild 5).

Das Rippenstück zuerst unten vor der Motorhaube und zuletzt an den Seiten in engen Abständen punkten. Unten am Rippenstück erhalten Sie einen glatten Verlauf ohne Nacharbeit, wenn Sie über ein Kupferband punkten.

Die seitlichen Ansätze vom Rippenstück verspachteln oder verzinnen Sie.

E. Bördeln der Dachhaut nach dem eingelegten Rahmen (Bild 5).

Den Rahmen klemmen Sie auf die Dachhaut fest. Verwendet worden sind **Holz-Schnellspannklemmen, d** Korkunterlagen besitzen.

Beim Bördeln muß das senkrechte Maß des Rahmens unverändert bleiben. Zwischenkontrolle ist zu empfehle

Um Lackschäden zu verhindern, erwärmen Sie den Lack handwarm mit einer elektrischen Heizsonne.

Das Bördeln geschieht mit einem Stück Hartholz (Bild 5). Der Rahmen dient zugleich als Bördelform. Dadur erhalten Sie eine saubere Linie, wobei die Karosseriefestigkeit unverändert bleibt.

F. Befestigen des Rahmens (Bild 5).

Den Rahmen können Sie anpunkten, evtl. annieten (POP). Sodann innen mit Lack auspinseln.

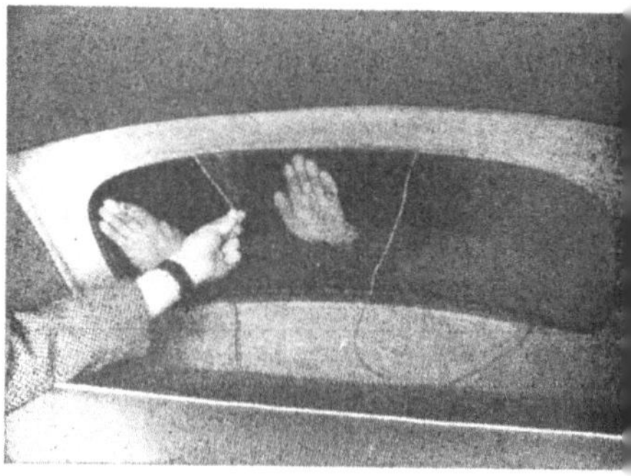

G. Einsatz des Innenabdeckbleches, Stoff- u. Lackarbeit.

Nur für VWs gebaut vor 30. 9. 1952

Hatten Sie die Innenleuchte im Rückfenster, so werden Sie unseren kompletten Leuchtensatz benutzen (siehe Bestellschein). Verlängern Sie das mitgelieferte Kabel mit dem alten. Dieses stecken Sie hinter den Dachstoff bis zur Fahrertür. Dort befestigen Sie die Leuchte mit den zwei Blechschrauben, die Sie aus der alten Leuchte herausgenommen haben (3 mm Bohrer).

Haben Sie einen VW-Standard in Arbeit, dann ist das Innenabdeckblech passend.

Beim Export schneiden Sie an beiden äußeren Seiten 10 mm ab, wie am Blech mit einer Reißnadel gezeichnet.

Jetzt können Sie das Innenblech einsetzen. Stecken Sie das Innenblech zuerst unten rechts in die Ecke und drücken dann auch die linke Seite hinein.

Am Glasrahmen können Sie punkten, im Notfalle auch POP-Blindnieten benutzen. An den übrigen Aussenseite im Wageninneren verwenden Sie ebenfalls POP-Blindnieten oder im Notfalle Blechschrauben.

Beim Standard lackieren Sie das Innenblech, beim Export bekleben Sie es wieder mit Ihrem alten Stoff wie folg Beginnen Sie von oben rechts nach unten. Ihr alter Stoff reicht für die senkrechten Flächen. Unten in der Mit werden Sie ein schmales Stück aus Ihren Abfällen einzusetzen haben. Dieser Ansatz ist unsichtbar und kom später unter das Gummi.

Das untere runde Blech des Innenabdeckteils bekleben Sie mit einem neuen rundgeschnittenen Stoff 95 x 16 c (Für Reparaturwerkstätten Kollektionen in allen 7 VW-Stoffarten fertig zugeschnitten bei uns erhältlich). Im Einze falle ist der Stoff in Losen von VW-Diensten erhältlich.

Das Rippenstück lackieren Sie, am besten abgegrenzt zur nächsten Dachabsetzung.

H. Glaseinsatz.

Legen Sie in die hintere Gummilippe des Fensters einen glatten, festen Bindfaden ein. Überprüfen Sie die Scheib auf einen guten Sitz des Gummis sowie Zierrahmens und legen die Scheibe in die Karosserie ein. Während di Scheibe von außen hineingedrückt wird, am besten je ein Mann links und rechts, ziehen Sie im Wagen den Binc faden so behutsam aus, daß sich der Gummi sicher über den Glasanschlag legt. Nehmen Sie ruhig die Faust zu Hilfe. Der Bindfaden soll stets entlang der Scheibe nach deren Mitte hin gezogen werden. Nur so wird die Gummilippe heilbleiben (Bild 6).

I. Motorhaube.

Mit dem Wiedereinsetzen der Motorhaube haben Sie den Einbau vollendet.

Und so sieht Ihr ehemals alter VW jetzt aus. ——➤

damals »Tiefensteuer« und sah so aus, als wollte man mit seiner Hilfe den Fußgängern die Beine abrasieren.
»Auf dem Weg nach Genf habe ich die positive Wirkung des Tiefensteuers gespürt.« In Genf angekommen, spürte Karl Meier nur noch eine ablehnende Haltung, man nahm den »Spinner« nicht ernst.
Enttäuscht über seinen internationalen Auftritt in Genf hat sich Karl Meier jahrelang nicht mehr mit dem Thema Spoiler beschäftigt. Heute zieren die aerodynamischen Hilfen fast jeden Mittelklassewagen und Kamei gehört zu den wichtigsten Spoiler-Produzenten.
Neben Karl Meier haben natürlich auch eine große Anzahl anderer Firmen Zubehör zum nachträglichen Einbau für den Käfer produziert. Dazu zählen unter anderem die großen Hersteller Bosch, Hella, VDO und viele Kleinstfirmen, die heute längst vergessen sind.
Zu den kleineren Firmen, die mit nur einem Produkt ihr Glück versuchten, gehört beispielsweise die Firma Schenk. Paul Schenk war Mitarbeiter der Firma Ambi Budd, die in Berlin für das Volkswagenwerk die Vorserien-Fahrzeuge fertigte. Später arbeitete Schenk im Volkswagenwerk, bis er sich mit einem Aschenbecher als Unternehmer empfahl. Der Aschenbecher bestand aus einer Kunststoffschale, die auf den Schalthebel aufgesteckt wurde.
Die Firma Schäfer stellte eine Kralle her, mit der sich die VW-Radkappen abziehen ließen und Ingenia bot ein Lenk- und Zündschloß an, mit dem sich das Lenkrad blockieren ließ. Die Firmen Dehne und Herpa wiederum boten Kraftstoffmeßgeräte feil.
All diesen Firmen war gemeinsam, daß sie zwar spezielles Käfer-Zubehör anboten, doch nur die Firma Kamei hatte ein Komplettangebot für den Käfer im Programm.
Wie intensiv sich manche Firma mit dem Käfer verbunden fühlte und sich auf Käfer-typisches Zubehör einstellte, machte die Firma Joch deutlich, die sich einen Bausatz einfallen ließ, mit dessen Hilfe sich das kleine Heckfenster in ein größeres verwandeln ließ. Um den dabei entstandenen Abfall auch noch sinnvoll nutzen zu können, ließ sich Joch einen weiteren Bausatz einfallen, der sich allerdings nur an jene Käfer-Besitzer verkaufen ließ, die einen Volkswagen mit geteilter Heckscheibe besaßen. »Denn, haben Sie die zweigeteilten Heckscheiben in Ihrem VW, so bitte nicht wegwerfen! Daraus werden im Nu zwei reizende palettenähnliche Blumentischchen. Wir liefern das nötige Zubehör.«

Spiele mit dem Käfer

Für nicht wenige Besitzer und Fahrer nimmt das vierrädrige Krabbeltier aus Deutschland Charakterzüge eines richtigen Lebewesens an. Der Käfer bedeutet ihnen mehr als nur ein funktionstüchtig zusammengefügtes Stück Metall auf Rädern, das sich zur selbständigen Fortbewegung eignet. Neben den zahlreichen Varianten, den Käfer in den unterschiedlichsten Motorsport-Disziplinen einzusetzen, entwickelten sich schon in den 50er Jahren zunächst in England und den USA eine Menge höchst origineller Wettbewerbe, deren Ergebnisse nicht selten auch außerhalb der Automobil-Fachpresse für Schlagzeilen sorgten.
Schon 1952, als der »Volkswagen Owners Club« in England gegründet wurde, gab es Fahrtests oder Slaloms, wie sie heute bekannt sind. Dabei ging es darum, einen bestimmten Kurs von etwa 200 Meter Länge so schnell wie möglich zu umrunden. Die Strecke mußte vorwärts und rückwärts befahren werden, es galt Hindernisse zu überwinden, exakt zwischen Markierungspunkten millimetergenau durchzufahren und in aufgezeichnete »Garagen« einzuparken. Alles gegen die Uhr und damit jeder gegen jeden. Zunächst wurden diese Fahrtests mit unveränderten 1131-ccm/25-PS-Käfern bestritten, später jedoch – als die serienmäßige Motorleistung auf bis zu 50 PS anstieg – wurden beispielsweise auf die Hinterachse grobstollige Geländereifen und vorne Michelin X-Gürtelreifen montiert, was den Käfer enorm »drehfreudig« machte, aber für den normalen Straßengebrauch auch höchst gefährlich. Als man dann vom Asphalt auf loseren Untergrund wie Gras oder Kies wechselte und künstliche Hügel in den Kurs gebaut wurden, waren die Trials geboren: Hierbei waren nicht nur Käfer, sondern Modelle aller Marken zugelassen und ähnlich wie bei den in der gleichen Zeit entstehenden Motorrad-Trials mußten extrem steile Geländestücke auf unwegsamem Untergrund, im Schlamm, im Sand, auf losem Kies und im Winter auf Schnee und Eis bezwungen werden. Der Käfer mit seinem Heckmotor und Hinterradantrieb war natürlich schon damals für solche Prüfungen bestens geeignet.
Mitte der 50er Jahre begann in den USA eine Sportart, die aus der bekanntlich sehr breiten Motorsport-Szene der Vereinigten Staaten bis heute nicht mehr wegzudenken ist: Drag-Racing. Mit stehendem Start muß eine Viertelmeile (402 Meter) in möglichst kurzer Zeit hinter sich gebracht werden, eine reine Beschleunigungsorgie also. Es gab viele Dragster-Klassen und in den kleineren Kategorien sind auf bis zu drei Liter Hubraum aufgebohrte und mit Turboladern oder Kompressoren ausgerüstete Käfer-Motoren noch heute sehr erfolgreich. In den 60er Jahren kam der Drag-Sport durch die in England und Deutschland stationierten GI's auch nach Europa, und schon 1967 erzielte ein 1500er-Käfer in Santa Pad/England den Serienauto-Drag-Rekord in der Eineinhalb-Liter-Klasse. Seit den 70er Jahren, anfangs von der Automobilsport-Fachzeitschrift »sport auto« aus Stuttgart veranstaltet, findet auch in Deutschland ein Drag-Wettbewerb statt, der freilich ausschließlich modifizierten Erzeugnissen aus Wolfsburg vorbehalten ist: Das sogenannte »Käfer-Blasen«. Die derzeitigen Rekorde in den beiden Klassen des Reglements (Serienautos und nahezu grenzenlos frisierte Autos auf Käfer-Basis) stehen auf 14 Sekunden für die Viertelmeile – gefahren von H. Willibald in der ersten Kategorie – und auf elf Sekunden für die 402 Meter, die Ronald Jütting mit seinem Spezial-Käfer erreichte, dessen Voll-Kunststoff-Karosserie auf ein Formel V-Fahrwerk gestülpt ist.

»Käfer-Blasen« in Deutschland. Ronald Jüttings Käfer mit Fiberglas-Karosserie hält viele Beschleunigungsrekorde.

Eine oft gestellte Frage: Wieviel Personen passen wirklich in den Käfer?

Beim »Bug-Push«-Wettbewerb wird der Käfer über eine bestimmte Distanz geschoben.

»Bug-Lug«-Wettbewerb. 14 bis 16 Männer tragen den Käfer 50 Meter weit und fahren dann die Strecke gemeinsam zurück.

Die beiden Briten Mac Howarth und Derek Waugh schaffen den Motorein- und -ausbau in 1 Minute und 34,07 Sekunden.

AIRPOR
NORTH

»Water-Bugs« – welcher Wasser-Käfer schafft das rettende Ufer? Ein Wettbewerb, der in den USA viele Anhänger hat.

Haben diese Wettbewerbe noch eine starke Nähe zu motorsportlichen Vergleichen, so wurden eine ganzen Reihe von sehr Käfer-spezifischen Veranstaltungen erfunden, bei denen vor allem der Spaß am Mitmachen im Vordergrund stand und steht, denn ausgestorben sind sie noch nicht: Immer mal wieder taucht ein neuer Rekord im weltbekannten »Guinness Book of World Records« auf. Der bekannteste dieser Jux-Wettbewerbe ist das sogenannte »Beetle Cramming«: Wie viele Menschen passen in einen VW Käfer, natürlich bei geöffneten Türen und Hauben und aufgrund der drangvollen Enge nicht mehr fahrbar? Der derzeitige Rekord steht – ob man's nun glaubt oder nicht – bei 57 Personen, gehalten von einem Team der Universität von Graz in Österreich.

Eine Variante dieses Themas ist der in den USA entstandene »Bug Lug«-Wettbewerb, bei dem es gilt, mit mehreren Personen unter Zuhilfenahme von Eisenstangen einen Käfer etwa 50 Meter weit zu tragen. Anschließend muß dann das gesamte Team einsteigen und die Strecke gemeinsam zurückfahren. Die Teams sind im Schnitt 14 bis 16 Leute stark, der Wettbewerb wurde allerdings auch schon von nur zehn Personen geschafft. Da in jüngster Zeit nicht mehr genug Mannschaften im »Bug Lug« gegeneinander antraten, wurde der Wettbewerb modifiziert und auch umbenannt: »Bug Push« ist angesagt. Dabei muß der Käfer nicht getragen, sondern von einem Team, das dann auch komplett wieder zurückfahren muß, geschoben werden. Inzwischen machen auch Damen-Teams bei diesem Käfer-Wettbewerb mit.

Ein anderer, vor allem in England sehr beliebter Wettbewerb, der sich bei internationalen Käfer-Treffen seinen festen Platz erobert hat, ist der sogenannte »Pit Stop«. Das Reglement ist von

Land zu Land verschieden, aber typisch ist zum Beispiel folgender Ablauf: Ein Zweier-Team fährt 100 Meter weit, hält an, baut eine komplette Scheinwerfer-Einheit aus und ein, ersetzt eine der vier Zündkerzen durch eine neue und wechselt ein Rad. Erlaubt sind nur die normalen Käfer-Bordwerkzeuge.

Ist der »Pit Stop«-Wettbewerb auch eine höchst amüsante Angelegenheit, so geht doch nichts über das Spektakel eines richtigen Käfer-Motorwechsel-Vergleichs. Diese Shows begannen auch in den USA Mitte der 60er Jahre, sind aber heute ein ganz fester Bestandteil des britischen Volkswagen-Festivals »VW Action«. Der Weltrekord in dieser Disziplin wird heute von Engländern gehalten. Auch hier sind die Regeln von Land zu Land und manchmal von Veranstaltung zu Veranstaltung verschieden. Bei »VW Action« zum Beispiel muß das Auto vorher absolut fahrbereit sein, und jeder Käfer wird vor der Teilnahme am Wettbewerb genau inspiziert, ob alle mechanischen und elektrischen Verbindungen einschließlich des Heizsystems fest sitzen. Rätschen sind als Werkzeug zum Beispiel nicht erlaubt. In den USA geht man sogar so weit, daß die Teams am Auto der gegnerischen Partei arbeiten müssen, in England schraubt jedoch jede Mannschaft am eigenen Fahrzeug.

Für diesen Wettbewerb, der in England jährlich im September stattfindet, wird hart trainiert. Wenn man die Bolzen-Bohrungen im Getriebe-Gehäuse dieser Käfer ansieht, ist unschwer erkennbar, daß der Motor schon 20-, 40- oder gar 80mal aus- und eingebaut wurde. Der derzeitige Weltrekord für den vollständigen Ausbau der Maschine steht auf sagenhaften 27,26 Sekunden, aufgestellt von Jimmy Footmann und Keith Henderson bei »VW Action« im September 1984! Der Wiedereinbau zieht sich bekanntlich etwas länger hin, nicht zuletzt deswegen, weil ein Fachmann nach getaner Arbeit alle mechanischen und elektrischen Verbindungen auf festen Sitz hin prüft. Aber auch diese Prozedur geht immer noch ganz schön schnell ab: Der Weltrekord – ebenfalls im September 1984 aufgestellt – liegt bei 1:06,58 Minuten. Das brachten Mac Howarth und Derek Waugh fertig, die auch den Rekord für beides zusammen – Aus- und Wiedereinbau der Käfer-Maschine – halten: 1:34,07 Minuten. Die beiden Schraub-Profis, die im Worcester-VW Club in England Mitglied sind, haben damit eine Zeit aufgestellt, die nicht so leicht mehr zu schlagen sein wird. Großartig auch die Leistung ihrer beiden Gattinnen Pat Howarth und Bobbie Waugh, die den Damen-Weltrekord mit 3:50,47 Minuten aufstellten. Eine neue Variante dieses Motorwechsel-Wettbewerbs wurde von John Maher aus Manchester kreiert, dessen Partner krank wurde und der es daher ganz alleine versuchen mußte. Er benötigte schier unglaubliche 2:44,34 Minuten für den ganzen Prozeß ohne fremde Hilfe!

Weit ruhiger und weniger hektisch geht es bei einem anderen Käfer-Wettbewerb zu, der sich freilich mindestens ebenso großer Beliebtheit in ganz Europa und den USA erfreut: »Concours d'Elegance« oder Schönheitswettbewerbe nach dem Motto »Mein Käfer ist schöner als deiner«. Der normale »Concours d'Elegance« wird für serienmäßige Käfer ausgeschrieben, während der sogenannte »Custom Concours« dem individuellen Geschmack frönt: Je wilder, um so besser! Bei den »VW Action«-Veranstaltungen erhält jeder Besucher einen Stimmzettel. Auf diese Weise bekommt der Veranstalter mehrere Tausend Urteile im Rücklauf, so daß eine regelrechte Besucher-Wahl stattfinden kann. Zusätzlich gibt es natürlich eine offizielle Jury, die die Fahrzeuge in verschiedenen Kategorien bewertet.

Im »Concours d'Elegance« für Serien-Käfer sind zum Beispiel zehn bis 15 Kriterien enthalten, nach denen geurteilt wird: Lackierung, äußerer Zustand, Räder und Reifen, Zustand des Unterbodens einschließlich der Aufhängungsteile, und

»Concours D'Elegance« – wer hat den schönsten Käfer, welcher ist wirklich noch im Originalzustand? – das ist oft eine sehr knifflige Frage für die Jury.

Weil Paul Dixon auf jeglichen Chromzierrat an seinem Käfer verzichtete, erhielt er einen Preis von der Jury zuerkannt.

natürlich werden auch der Innenraum und der Motorraum begutachtet. Zusätzliche Pluspunkte gibt's für authentisches Zubehör, wobei das Zubehör in einem 1950er-Käfer auch tatsächlich aus dem Jahre 1950 stammen muß. Natürlich werden auch das Alter des Fahrzeugs, die Kilometerleistung und der Umstand bewertet, ob das Auto restauriert wurde oder sich noch im Original-Fabrikzustand befindet. Die Lackierung sollte zum Beispiel nicht nur unfallfrei, sondern tunlichst hochglanzpoliert sein. Und Sauberkeit an allen Ecken und Kanten, auch dort, wo man Schmutz üblicherweise von außen nicht sieht, ist oberstes Gebot. Sogar die Reifen werden entweder schwarz lackiert oder zumindest mit Schuh-Politur bearbeitet. Ein recht diffiziler Aspekt ist natürlich die authentische Originalität des Autos: Stammen die eingebauten Teile auch wirklich aus dem angegebenen Baujahr? Die Juroren müssen hier schon sehr sachkundig sein und sind meist mit einer Menge Fach-Literatur ausgestattet.

Ganz anders wird bei »Custom Concours« bewertet, bei dem es eher um Kriterien wie Phantasie und Geschmack geht. Geschickte und originelle Karosserie-Veränderungen (zum Beispiel am Dach oder bei den Scheinwerfern), verchromte Teile (besonders am Motor) oder eine spezielle Instrumentierung des Armaturenbretts bringen hier Pluspunkte. Natürlich wird auch ein qualitativ hoher Standard der Lackierung und optimale Sauberkeit des gesamten Fahrzeugs erwartet.

Diese Schönheitswettbewerbe sind so beliebt und werden bereits von langer Hand so durchorganisiert, daß es mitunter viele enttäuschte Käfer-Besitzer gibt. Aber zum Glück gibt es auch kleinere Club-Veranstaltungen (zum Beispiel Wettbewerbe für »Historische Käfer« oder nur für Käfer-Cabrios) überall auf der Welt, um auch diesen Spezialisten Ausstellungsmöglichkeiten zu offerieren.

Ein ganz neuer Käfer-Wettbewerb ist in erster Linie für die weiblichen Käfer-Fans geschaffen worden: Eßbare Käfer. Was auch immer für ein Material verwendet wird, bei seiner Gestaltung muß der Käfer erkennbar und eßbar sein. Der Möglichkeiten gibt es viele: Schokolade, Bisquits, Kuchen, Zucker oder Marzipan.

Kein anderes Auto auf der Welt, das zeigen auch die hier aufgeführten Wettbewerbe, hat die Phantasie der Menschen so beflügelt wie der VW Käfer. Der Käfer ist eben für seine Besitzer weit mehr als nur ein blechernes Automobil.

Zeitschriften für den Käfer-Fahrer

Obwohl der Käfer weder in den USA noch in England produziert wurde, gibt es in diesen Ländern die größte Auswahl an Käfer-Zeitschriften zu kaufen: Das »VW & Porsche Magazin« und »Hot VW's« aus California/USA sowie »VW motoring« und »Volkswagen Audi Car« aus England. Älteste von allen Käfer-Zeitschriften ist allerdings die aus Deutschland stammende »GUTE FAHRT«, die hinsichtlich ihrer inhaltlichen Qualität und ihrer graphischen Gestaltung auf einem Niveau ist, das sich mit den großen Automobil-Magazinen messen kann.

Der Käfer ist freilich bei allen genannten Periodika heute schon lange nicht mehr Thema Nummer 1, denn die meisten redaktionellen Beiträge drehen sich um die gesamte Produkt-Palette des VW-Konzerns. Dennoch haben alle genannten Magazine eine starke Verbindung zum Käfer, zumal das originelle und vielseitige Krabbeltier nicht

zuletzt für die Gründung der Zeitschriften verantwortlich war.

Vor allem die 1950 ins Leben gerufene »GUTE FAHRT«, die im Bielefelder Verlag »Delius Klasing + Co« erscheint und heute auf eine verkaufte Auflage von monatlich 200000 Exemplaren stolz sein kann, hat bewiesen, daß man auch eine große Leserschaft über Jahre hinweg mit einer Thematik faszinieren kann: dem Käfer.

Die in Stuttgart angesiedelte »Zeitschrift für den Autofahrer« bot in ihrer Anfangszeit auf unüblich originelle Art eine Unmenge Tips, Ratschläge und Hinweise, die als echte Lebenshilfe von den immer zahlreicher werdenden Käfer-Fahrern mit Begeisterung konsumiert wurden. Der Zeitschrift gelang es, dem Leser profundes Käfer-Wissen und auch komplizierte technische Zusammenhänge leicht verständlich und amüsant darzubieten.

Das heute recht zeitgemäß gestaltete Magazin mit einer hervorragenden Vierfarb-Druckqualität hielt für den Käfer-Fahrer damals und hält für den Golf- oder Passat-Eigner heute alles Wissenswerte über sein Fahrzeug bis hin zu detaillierten Modelländerungen bereit und zeichnete sich damals wie heute durch einen nicht unerheblichen Praxis-Teil aus, der dem Autofahrer einfach, verständlich und gut lesbar vermittelt, wo er was wie an seinem Fahrzeug selber machen kann. Dabei ist es immer gelungen, nie in unüberbrückbare Konflikte mit dem Volkswagenwerk zu geraten, das heute immerhin die Hälfte der verkauften Auflage abnimmt und über seine große Zahl von Händlern im deutschsprachigen Raum vertreibt. Die andere Hälfte der Auflage der im Wesen völlig unabhängigen Zeitschrift wird über den Zeitschriftenhandel und per Abonnements vertrieben. Die Redaktionsmannschaft, die in acht Ressorts

arbeitet, umfaßt Mitte der achtziger Jahre zwölf Mitarbeiter.

Ende der achtziger Jahre kamen »VW-Scene« und »KM Käfer-Magazin«, zwei neue deutsch-

sprachige Zeitschriften, auf den Markt. Schon die Zeitschriftentitel verdeutlichen deren Inhalt. »VW Scene« wendet sich an alle Volkswagenfahrer, »KM« fast ausschließlich an die Käfer- und Ghia-Fahrer. Die durchweg farbig illustrierten Zeitschriften sind ausgesprochene Fan-Zeitungen und erfreuen sich in der Szene großer Beliebtheit, zumal sie sich ausschließlich mit den geliebten Fahrzeug befassen und ausführlich über Käfer-Treffen und Clubleben berichten. Englische Volkswagen-Fans können das 1961 als »Safer Motoring« erstmals erschienene »Leading Independent Volkswagen-Audi Magazine« erstehen, das heute in einer monatlich verkauften Auflage von 32000 Exemplaren unter dem Namen »VW motoring« vertrieben wird. »VW motoring« ist freilich von ganz anderem Charakter als die deutsche »GUTE FAHRT«: Mindestens ein, wenn nicht gar zwei oder drei längere Artikel des durchschnittlich etwa 140 Seiten umfassenden Magazins, das in Cirencester/Glostershire von nur zwei Redakteuren und zahlreichen freien Mitarbeitern gestaltet wird, beschäftigen sich auch heute noch recht ausführlich mit der Aircooled-Ära. Leser kommen zu Wort, stellen beispielsweise ihren 64er VW-Bus mit geteilter Windschutzscheibe in heiterer Sprache vor oder werden vorgestellt, indem zum Beispiel ein gerade noch in England zulassungsfähiger heißer Bajabug mit abgesägten Kotflügeln und Motorhaube innen und außen exakt beschrieben und auch fotografisch großzügig dargestellt wird. Nostalgie scheint ohnehin bei »VW motoring« Trumpf zu sein: Zahlreiche kleingedruckte Anzeigen geben Auskunft, wo und zu welchem Preis man in England noch alte Teile für den Käfer und die anderen luftgekühlten VW-Modelle bekommen kann oder bieten Hardcore-Zubehör wie verchromte und offene Auspufftüten, teure Hochleistungsventile oder komplette Karosserie-Umbausätze aus der kalifornischen Off Road-Abteilung feil. Tests von Lesern geschrieben und viele Leserbriefe vervollständigen neben ein, zwei Seiten Praxis-Tips und dem einen oder anderen von der Redaktion erstellen Testbericht die mit Ausnahme des Titelblattes in schwarzweiß gedruckte Zeitschrift. Neben dem normalen Zeitschriftenhandel wird auch »VW motoring« über Volkswagenhändler und natürlich Abonnements unter die Leute gebracht.

Um einiges moderner präsentiert sich die zweite englische Zeitschrift »Volkswagen Audi Car«, die seit September 1982 auf dem Markt ist. Bis zu diesem Zeitpunkt hieß die Zeitschrift »Beetling«. »Beetling« wurde 1957 gegründet und war nach der deuschen »GUTE FAHRT« die älteste Zeitschrift, die sich vornehmlich mit den luftgekühlten VW-Modellen beschäftigte.

Das englische Magazin »Beetling« war insbesondere für Käfer-Fans eine interessante Informationsquelle, zumal die Artikel mit äußerster Sachkenntnis und profundem Käfer-Wissen geschrieben wurden.

Nachdem die Marke Audi stärker in den Konzern eingebunden wurde und der Käfer seinen Rückzug antrat, deckte der Zeitschriftenname »Beetling« nicht mehr das inhaltliche Programm ab, und so entschloß sich der Verlag, den Titel in »Volkswagen Audi Car« umzubenennen.

»Volkswagen Audi Car«, produziert in Dunstable/ Bedfordshire mit einer monatlichen Auflage von 12000 Exemplaren, bezeichnet sich als »entirely independent of the manufacturers and importers« (»vollständig unabhängig von Herstellern und Importeuren«), wird aber ebenso wie die »GUTE FAHRT« und »VW motoring« zu einem nicht unerheblichen Teil über Volkswagen-Händler und das VW-Management in England vertrieben. Das Gesicht der Zeitschrift, die außer dem Titel und der Rückseite komplett in schwarz-weiß, aber in sehr guter Qualität auf einem recht wertvollen Papier gedruckt wird, ist grafisch gemessen an anderen englischen Druck-Erzeugnissen sehr modern und leserfreundlich gestaltet und bietet eine Fülle magazinhaft kurzer Informationen,

Früher »Beetling«, jetzt »VW Audi Car«.
Auflagenhöhe monatlich: 12000 Exemplare.

Neuigkeiten und Verbrauchertips, beispielsweise über Zubehör. Das ganze Sortiment an verschiedenen Themen ist wohl – wie bei Zeitungen und Zeitschriften aus dem englischen und amerikanischen Sprachraum üblich – insgesamt etwas unübersichtlich, weil wenig oder gar nicht rubrifiziert, bietet aber auf nur etwa 60 Seiten mehr fürs Auge und wirkt in jeder Hinsicht zeitgemäßer als die Konkurrenz von »VW motoring«. Dafür ist »Volkswagen Audi Car«, erstellt von fünf bezahlten und fünf freien Redakteuren (einer der Mitarbeiter ist der in Ulm lebende englische Volkswagen-Experte Chris Barber), etwas teurer: 80 Pence kostet ein Einzelexemplar; für das Jahres-Abonnement werden immerhin 13 englische Pfund berechnet.

In den USA, woher unbestritten die Käfer-Hysterie in den späten 50er Jahren nach Europa schwappte, füllen mindestens zehn verschiedene Magazine, die sich mehr oder weniger ausschließlich mit Volkswagen befassen, die Zeitschriften-Regale der Supermärkte. Nur zwei davon haben aber auch wirklich Magazin-Niveau und sind unter VW-Enthusiasten auch in Europa bekannt: »Hot VW's« aus Costa Mesa/California und »VW & Porsche Magazine« aus Los Angeles/California. Da beide Periodika – das erste erscheint monatlich, das zweite nur alle zwei Monate – in Autofahrers Traumland Kalifornien hergestellt werden, ist bei beiden vornehmlich eine höchst auffällig verpackte Mischung aus »drifting« und »dreaming« zu finden.

»Hot VW's« beschäftigt sich, wie der Name schon

sagt, vornehmlich mit heißer Ware: Bis an die Belastungsgrenze frisierte, aufgepäppelte, verchromte und gestylte Bugs, Rabbits oder Vans (Käfer, Golf, Bus) werden in kurzen Artikeln mit markiger amerikanischer Kurbelwellen-Lyrik und Vierfarb-Fotos (auf denen zuweilen auch leichtbekleidete kalifornische Strandschönheiten posieren...) präsentiert, aber auch Neuheiten aus dem Herstellerland Deutschland werden meist schneller als bei den großen amerikanischen Auto-Magazinen ins Blatt gehoben. Gerade auch dadurch hat sich »Hot VW's« (Monatsauflage rund 100000 Exemplare in den USA) einen Namen gemacht, den das professionell gestaltete Magazin vor allem den exzellenten Europa-Kontakten des aus England stammenden derzeitigen Chefredakteurs John Rettie verdankt. Natürlich fehlen auch nicht die vielen Anzeigen der noch zahlreicheren amerikanischen Anbieter von heißem Zubehör für die VW-Modellpalette, wobei eigentlich nur zwischen luft- und wassergekühlt unterschieden wird. Blättert man »Hot VW's« zum ersten Mal unbedarft durch, so gewinnt man den Eindruck, die Zeit sei ausgrechnet in Kalifornien, wo sonst doch alles so schnell kommt und geht, stehengeblieben: Für die VW-Freaks dort, namentlich für die aus der Off Road-Abteilung sind die Käfer oder der VW Porsche 914 noch lange nicht tot.

Ähnliches läßt sich auch zumindest im Grundsatz von »VW & Porsche Magazine« behaupten, das auch alles präsentiert, was die Herzen der amerikanischen Autofans höher schlagen läßt, was scharf aussieht und vor allem gut geht. Dennoch fällt das im Zentrum der Metropole von Los Angeles hergestellte Magazin, das sich aus dem 1971 erstmals erschienenen »Volkswagen Greats Magazine« entwickelt hat, über eine zweimonatliche Auflage von etwa 85000 Exemplaren verfügt und von fünf festangestellten und etwa zehn freien Mitarbeitern gestaltet wird, durch eine sehr saubere Gliederung und grafisch sachliche, aber nichtsdestotrotz moderne Aufmachung auf. Die Mischung der Artikel reicht von ausführlichen Tests über praktische Ein- und Umbautips bis hin zu einem mit profunder Sachkenntnis und viel Begeisterung gemachten Sportteil, der die internationale Szene ebenso beleuchtet wie den nationalen Clubsektor nicht vernachlässigt. Unter dem Strich muß dem »VW & Porsche Magazine« die größe Ausgewogenheit und Vielfalt unter den englischsprachigen VW-Zeitschriften bescheinigt werden, wobei auch die saubere Grafik und die hervorragende Druckqualität noch zu diesem positiven Eindruck beitragen. Dafür ist sie allerdings auch die teuerste: Ein Einzelexemplar des über den Zeitschriftenhandel vertriebenen Magazins kostet zwei US-Dollar, ein Jahresabo (sechs Ausgaben) ist ab elf US-Dollar erhältlich.

Käfer-Clubs in aller Welt

Der Spaß am Auto und die Pflege und Erhaltung älterer Fahrzeuge hat dafür gesorgt, daß sich immer mehr Menschen in Auto-Clubs zusammenfinden. Seit den sechziger Jahren hat vor allem in Deutschland das Clubleben bei allen Auto-Marken stark zugenommen. Doch kein Auto der Welt hat so viele Menschen zusammengeführt wie der VW Käfer: Kaum ein Land dieser Erde, in dem nicht zumindest ein Verein die Interessen der VW Käfer-Liebhaber repräsentiert, der Treffen veranstaltet, seine Mitglieder in technischen Fragen berät, der Unterlagen wie alte Prospekte, Reparaturanleitungen oder Original-Ersatzteillisten sammelt und archiviert oder auch nur ein »gemütliches Beisammensein« organisiert, wo – wie sollte es anders sein – über den Käfer geredet, gelacht und gestritten wird. Weltweit gibt es über 100 Käfer-Clubs, manche von ihnen sind schon über 30 Jahre alt. Im Clubleben ist ständig Bewegung, und so bleibt es auch nicht aus, daß sich ständig neue Vereine gründen – oder auflösen. Dennoch, die Käfer-Szene lebt, und zwar von Jahr zu Jahr intensiver. In der wärmeren Jahreszeit vergeht kaum ein Wochenende, an dem nicht irgendein Käfer-Treffen angesagt ist.

Die hier geschilderten Aktivitäten einiger überregionaler Käfer-Clubs geben Aufschluß über das Clubleben.

1975 trafen sich in Fuldatal erstmals in Deutschland die Freunde alter Volkswagen. Initiator des Treffens war Otto Weymann, Besitzer mehrerer »Split-Window-Käfer«.

Die Käfer-Clubs sind in der ganzen Welt sehr rührig und geben – in der Regel – eine eigene Club-Zeitung heraus.

Begehrt bei Käfer-Fans:
Sticker von Käfer-Veranstaltungen
und Käfer-Clubs.

»Brezelfenstervereinigung«
Freunde der Uralt Käfer Deutschlands
Die BFV e.V., deren 336 Mitglieder (Stand: März 1984) aus allen Teilen Deutschlands kommen, existiert seit 1975 und will laut eigener Satzung »die gemeinsamen Interessen von Liebhabern der Marke Volkswagen wahrnehmen und fördern und sich um die originalgetreue Restaurierung bzw. Erhaltung historischer VW-Fahrzeuge (bis Baujahr 1957) bemühen, um einen Beitrag zur Dokumentation deutscher Automobilgeschichte zu leisten.« Alle drei Monate erscheint eine recht umfangreiche Clubzeitung (»das Brezelfenster«), die eine Unmenge technischer Tips, eine Teilebörse, Reiseberichte und viel Nostalgisches enthält und im Jahresbeitrag enthalten ist. Technische Anfragen werden beantwortet. Jährlich veranstaltet die BFV zwei Käfer-Treffen, zahlreiche zusätzliche Aktivitäten werden in der sehr informativen Clubzeitung angekündigt.

Volkswagen Owners Club of Great Britain
Der VWOC ist einer der größten und ältesten Käfer-Clubs der Welt: 1953 gegründet, hat er heute über 1500 Mitglieder in neun Sektionen: In praktisch jeder englischen Grafschaft eine. Jeder Volkswagen-Besitzer (nicht unbedingt Käfer-Eigner) oder auch Volkswagen-Enthusiast kann Mitglied werden. Der Volkswagen Owners Club organisiert Motorsport-Veranstaltungen und dreimal im Jahr große VW-Treffen (im September das berühmte »VW Action«). Die monatlich erscheinende »Club News« gibt Tips und Informationen zu allen VW-Modellen, enthält Vereinsnachrichten und einen Kleinanzeigenmarkt.

Vintage Volkswagen Club of America
Der VVCoA startete 1976 mit etwa 24 Mitgliedern und hat heute in einer Eastern Region und einer Western Region insgesamt über 900 Mitglieder aller Alters- und Berufsgruppen aus den ganzen Vereinigten Staaten. Jeder, der den jährlichen Mitgliedsbeitrag bezahlt, kann Mitglied werden. Bei den »Vintage VW« shows muß man jedoch einen Käfer haben, der mindestens 25 Jahre alt ist. Jeden Monat wird für jedes Mitglied kostenlos ein »Newsletter« herausgebracht, der muntere Geschichten aus dem Vereinsleben bringt und Anfragen beantwortet (»ask Joe about your bug...«). Der VVCoA veranstaltet viele Treffen alter Volkswagen im Jahr, die eine Auto-Ausstellung ebenso umfassen wie einen Ersatzteil-Markt.

Käfer-Fan-Club-Zürich
Seit Oktober 1980 gibt es den KFCZ, der etwa 45 Mitglieder zählt. Die Mitglieder sind zwischen 20 und 65 Jahre alt und stammen aus allen Berufsgruppen vom Automechaniker bis zum Geschäftsinhaber. Drei- bis viermal pro Jahr erscheint die »Käfer-Fan-Post«, die über die zahlreichen Club-Aktivitäten berichtet (Ausfahrten, Parties, Ski-Wochenenden) und im Jahresbeitrag enthalten ist. Mitglied kann jeder werden, »der bestrebt ist, so oft es die Umstände erlauben, aktiv am Clubleben teilzunehmen.« Der Käfer-Fan-Club-Zürich legt nach eigener Aussage auf das gesellige Zusammensein und das gemeinsame Erleben von Veranstaltungen mehr Gewicht, »wobei aber der Käfer nie fehlen darf«.

VW Uraltkäfer-Club Schweiz
Seit 1976 gibt es den in St. Gallen residierenden Club, der heute etwa 100 Mitglieder aus allen Teilen der Schweiz hat, 75 davon aktiv. Als Aktivmitglied wird jeder aufgenommen, der einen Volkswagen besitzt, der vor August 1957 hergestellt wurde. Im Jahresbeitrag sind der Bezug der Jahreszeitschrift »Urkäfer« und der »Clubnachrichten« enthalten. Der Club veranstaltet ein Frühlings- und ein Herbsttreffen pro Jahr und besucht VW-Treffen im Ausland.

Club »Amici del Maggiolino« Varese/Italien
Der noch recht junge Club wurde 1983 in Varese

gegründet und hat heute etwa 100 Mitglieder aller Alters- und Berufsgruppen. Es gibt keine Satzung und auch keine exakten Aufnahmebedingungen: Jeder Käfer-Besitzer, oder auch jeder Volkswagen-Besitzer mit einer luftgekühlten Heck-Maschine oder auch jeder Käfer-Freund ohne Auto, kann eintreten und ist herzlich willkommen, natürlich auch Ausländer. Im Mitgliedsbeitrag ist jede Art von technischer Beratung enthalten und die freie Zustellung des alle zwei Monate erscheinenden »Bulletin«, das über den Club, seine Aktivitäten und über historische VW-Modelle informiert. Der Club bietet seinen Mitgliedern ein technisches und ein historisches Archiv sowie ein Ersatzteillager für Teile, die von der VW-Händlerorganisation nicht mehr vertrieben werden.

Luchtgekoelde VWclub Nederland

Dieser holländische Club ist aus der 1973 gegründeten »Nederlands VW Brillenvereniging« hervorgegangen und nennt sich seit Anfang 1982 »Luchtgekoelde VWclub Nederland«, was die Bedingung zur Aufnahme in den Verein signalisiert: Die Mitglieder, so heißt es, sollen Interesse an luftgekühlten Volkswagen haben. Die etwa 500 Mitglieder bezahlen einen Jahresbeitrag und erhalten dafür jeden Monat die Vereinszeitschrift »De Luchtboxer«, die über Treffen, regionale Aktivitäten und Club-Interna berichtet und zudem über einen umfassenden Kleinanzeigenteil verfügt. Der Club organisiert in seinen verschiedenen Regionen etwa alle zwei Monate eine Veranstaltung, zwei große internationale VW-Treffen finden jedes Jahr statt.

Der italienische Käfer-Club »Amici del Maggiolino« hat eine eigene Werkstatt, in der Volkswagen wieder hergerichtet werden können.

Wenn das Käfer-Team aus Göppingen sein Treffen veranstaltet, ist jeder Käfer-Fahrer ein gern gesehener Gast.

Binocle Club de Belgique
Der belgische »Binocle Club« startete 1977 mit fünf Mitgliedern und hat heute etwa 150 Vereinszugehörige, von denen gut 70 Prozent aus jüngeren Altersschichten stammen. Ungefähr zehn Prozent der Mitglieder besitzen noch ihren Erstwagen – natürlich einen Käfer. Eine kostenlos, sechsmal im Jahr erscheinende Zeitung (»Binocle Info«) informiert über Treffen sowie über Aktivitäten im In- und Ausland. Dreimal im Jahr wird ein belgisches Käfer-Treffen organisiert. Der Binocle Club veranstaltet technische Schulungen für seine Mitglieder, bei denen zum Beispiel wichtige Tips für die Restaurierung alter Volkswagen gegeben werden.

VW-Veteranklub Danmark
Der dänische Volkswagen-Club existiert seit 1979 und hat heute etwa 110 Mitglieder aller Alters- und Berufsgruppen, vom Rechtsanwalt über Ärzte bis zu Straßenkehrern und Dachdeckern. Das jüngste Mitglied ist erst zwölf, das älteste 75 Jahre alt. Um Mitglied zu werden, muß man einen Original-Volkswagen haben, der mindestens 25 Jahre alt ist. Für den Mitgliedsbeitrag bekommt man auch das viermal jährlich erscheinende, sehr hübsch und attraktiv gemachte kleine Club-Magazin »Boblen« (»Käfer«), das teilweise sehr exakte technische und historische Informationen über alte Käfer, Cabrios oder auch Kübelwagen enthält und über eine sehr gute Druckqualität verfügt.

Svenska VW-cab-Klubben

Der schwedische VW Cabrio-Club hat 1976 mit vier Mitgliedern angefangen und zählt heute etwa 300 Mitglieder, von denen die meisten entweder ein Käfer Cabrio oder ein Karmann Ghia Cabrio besitzen. Mitglied kann man aber auch ohne Auto sein. Zweimal im Jahr erhält man die »Volkswagen Cabnews«, eine recht aufwendig gemachte Club-Zeitschrift im DIN A4-Format, die mit vielen großformatigen Fotos über Vereins-Aktivitäten und Cabrio-Treffen in Schweden informiert. Darüber hinaus erhält man sowohl technische Do-it-yourself-Tips als auch eine Liste aller Mitglieder. Dreimal im Jahr finden Treffen statt. Der Club organisiert Rundfahrten auf denen Sehenswürdigkeiten Schwedens besichtigt werden und vor allem das gemütliche Beisammensein gepflegt wird. Die Mitglieder des »Svenska VW-cab-klubben« kommen nicht nur aus ganz Schweden, sondern auch aus Deutschland, England und Irland.

Volkswagenhistorika Clubben Svenska

Der größte schwedische Volkswagenclub besteht seit 1976 und hat derzeit etwa 500 Mitglieder. Als aktives Mitglied muß man einen VW haben, der älter als Baujahr 1961 ist, als passives Mitglied braucht man kein Auto. Vierteljährlich erscheint der »Folkvagnen«, ein im Vergleich zu sonstigen Club-Zeitungen ausgesprochenes Edel-Magazin im DIN A4-Format, mit starkem Papier, sehr guter Fotoqualität und einem Umfang von immerhin durchschnittlich 24 Seiten, auf denen vornehmlich die Mitglieder und ihre bestens gepflegten Fahrzeuge abgebildet sind und zahlreiche Informationen und Artikel rund um den Volkswagen in recht professioneller Aufmachung geboten werden. Der Club organisiert einmal im Jahr seine Clubmeisterschaften mit Wettbewerben und einem traditionellen Wintertreffen, das zumeist bei der schwedischen VAG-Generalvertretung in Stockholm stattfindet. Der »Volkswagenhistorika Clubben Svenska« rühmt sich einer der größten VW-Literatursammlung der Welt, was man angesichts der guten Dokumentationen in der Vereinszeitschrift gerne glauben mag.

Anschriften von Käfer-Clubs

Deutschland

VW Veteranen-Club MS e.V.
Postfach 8264
W-4400 Münster

Volkswagen-Schmiede Niederrhein e.V.
Markus Heynen, Kemnaderweg 3
W-4242 Rees 4

VW-Boxer-Club-Göttingen e.V.
Thomas Moebes, Rosmarinweg 37
W-3400 Göttingen
Tel. 0551/62646

VW-Boxer IG, Salzgitter
K. Guhrmann, Kattowitzer Str. 218
W-3320 Salzgitter
Tel. 05341/47432, 25747

Cabrio-Interessen-Gemeinschaft CIG (VW)
Hans-Dieter Seewald,
Postfach 1220
W-3013 Barsinghausen 1
Tel. 0511/414199, Fax 0511/415454

VW Club Rhein-Neckar e.V.
Friedrich-Ebert-Str. 35
W-6800 Mannheim 1
Tel. 0621/332990

»Beetle Connection«
P. Grewe, Julienstr. 59
W-4300 Essen-Rüttenscheid
Tel. 0201/783146, Fax 0201/783149

Käfer-Klub Kalter-Reifen e.V.
Kirchwerder Hausdeich 290
W-2050 Hamburg 80
Tel. 040/7238624, 7238037

IG der Karmann Ghia Fahrer-/innen
Uwe Witkowski, Im Schmidtenstück 14
W-5401 Ney

Karmann Ghia Freunde Nürnberg
Rolf Stöß, Habsburgerstr. 80
W-8500 Nürnberg 50
Tel. 0911/835981

Karmann Ghia IG Bochum
Rolf Siegner, Karl Leichstr. 11
W-4630 Bochum 1

Karmann Ghia IG Bonn
Olaf Neunkirchen, Vilicherstr. 11
W-5300 Bonn 3

Karmann Ghia IG Friesland/Weser-Ems
Günther Behrends, Rügenstr. 6
W-2948 Schortens

Karmann Ghia IG Hannover
Frank Richter, Schaumburger Str. 2
W-3007 Gehrden 1
Tel. 05108/7952

Karmann Ghia IG Köln
Ingo Graf, Siegburger Str. 153
W-5000 Köln 21

Karmann Ghia IG Kreis Pinneberg
Peer Schmidt, Ellerbeker Weg 61g
W-2084 Rellingen 1

Karmann Ghia IG Südheide Kr. Gifhorn u. Umgebung
Lutz Gaas, Heidberg 9
W-3121 Schönewörde
Tel. 05835/307

Karmann Ghia IG Wesel
Horst Schuld, In der Luft 58
W-4230 Wesel
Tel. 0281/50833

Cabrio Club Breisgau e.V., Gundelfingen
Postfach 1255
W-7803 Gundelfingen

Cabrio-Club Eschwege
M. Frölich, Leipziger Str. 45
W-3446 Mhrd. Frieda

Cabrio Club Heidelberg e.V.
Postfach 101945
W-6900 Heidelberg
Tel. 06223/1557

Cabrio-Club Lüneburg
Jörg Lemke, Tüner Berg 37
W-2120 Lüneburg
Tel. 04131/45532

Cabrio-Club Reutlingen
Uwe Wiska, Max-Eyth-Str. 235
W-7410 Reutlingen

Cabrio Club Rödermark
R. Biehl, Asternweg 2
W-6074 Rödermark
Tel. 06074/99281

Cabrio IG Ennepe/Ruhr
B. u. S. Günther, Röthelteich 59
W-5828 Ennepetal 14

1. Deutscher Cabrio-Club e.V.
Ingo Rübener, Im Kräpel 14
W-5250 Engelskirchen
Tel. 02263/6524

›Käfer forever‹ Club Dinslaken
Regina Kellermann, Am Bischofskamp 18
W-4100 Duisburg 11
Tel. 0203/595240

VW Brezelfenstervereinigung e.V.
Ernst-Peter Hagen, Amselweg 4
W-3073 Liebenau
Tel. 05023/349

Käfer Buggy Club Groß-Gerau e.V.
Postfach 1427
W-6080 Groß-Gerau

Buggy-Club Süddeutschland
M. Deyle/Kurek, Schwalbenweg 4
W-7927 Sontheim/Brenz

Freiburger Käfer-Cabrio-Club
Dagmar Wehrle, Postfach 471
W-7808 Waldkirch

Käfer-Cabrio-Club Beckum
Eckhard Gerlieb, Vorhelmer Str. 33a
W-4720 Beckum
Tel. 02521/3094

Käfer Cabrio Club Bochum
Michael Bucks, Postfach 100425
W-4630 Bochum 1 Tel. 0234/357172

Käfer Cabrio Club Braunschweig e.V.
Nils Trabe, Kapellenstr. 8
W-3300 Braunschweig
Tel. 0531/796107

Käfer Cabrio Club Brenztal
Siegfried Frees, Bartholomäer Str. 5
W-7924 Steinheim
Tel. 07329/6712

1. Bonner Käfer Cabrio Club e.V.
Michael Müller-Fischer, Fährstr. 7
W-5205 St. Augustin 1
Tel. 02241/203183

Käfer-Cabrio-Club Hamburg
Marco Viol, Dockenhudener Chaussee 24 d
W-2083 Halstenbek
Tel. 04101/45764

Käfer und Cabrio Club Hannover
Niko Bock, Gehrdener Str. 9
W-3003 Ronnenberg
Tel. 05109/9768, Fax 05109/8396

Käfer-Cabrio-Club Kaiserslautern
Uwe Schumacher, Uhlandstr. 9
W-6753 Enkenbach 1

Käfer-Cabrio-Club Kreis Mettmann
Dieter Heber, Auguste-Piccard-Weg 10
W-4018 Langenfeld

Käfer Cabrio Club Niederrhein
Ralf Persch, Schiefbahner Str. 37
W-4052 Korschenbroich 2
Tel. 02161/673410

Käfer Cabrio Club Nordschwarzwald
Jürgen Ruhmann, Hellerichstr. 64
W-7530 Pforzheim-Huchf.
Tel. 07231/78241

Käfer Cabrio Club Osnabrück
Manfred Hoffmann, Mühlenstr. 58
W-4505 Bad Iburg
Tel. 05403/2027

VW Käfer-Cabrio-Club Paderborn
Dietmar Kuhnke, Mühlenflöß 42 a
W-4792 Bad Lippspringe

Käfer Cabrio Club Wesel
Achim Trauzettel, Ginsterweg 32
W-4230 Wesel 1
Tel. 0281/62505, 0281/52397

Käfer Cabrio Club Weserbergland
Postfach 100526
W-3250 Hameln

Käfer Cabrio Club Worms
Hans-Walter Keim, Ottostr. 18
W-6520 Worms 26
Tel. 06241/38097

Käfer-Cabrio-Freunde Wuppertal
Jörg Gösser, Goethestr. 38
W-5632 Wermelskirchen
Tel. 02196/3696, Fax 02196/1830

Koblenzer Käfer-Cabrio IG
Achim Breitbach, Kurfürstenstr. 31c
W-5400 Koblenz

IG Ostfriesland Käfer Cabriolet
Patricia Sage, Weißer Weg 11
W-2963 Südbrookmerland/Moordorf
Tel. 04941/80050

Käfer Cabriolet Club Kiel
F. Wittmoser, Am Dorfplatz 36
W-2300 Kiel 14

Käfer-Club Aachen
Gebr. Tulka, Ardennenstr. 1
W-5190 Stolberg
Tel. 02402/4979

Käfer-Club Allgäu e.V. Eichenstr. 1
W-8950 Kaufbeuren
Tel. 08341/15392, 7787

ASU-freier Käfer Klub Bergisch Gladbach
Edy Henckel, Am Vogelherd 25
W-5060 Bergisch Gladbach 2
Tel. 02202/21880

Käferclub Berlin e.V. im ADAC
Postfach 410727
W-1000 Berlin 41
Tel. 030/8212989, Fax 030/8226741

Käfer-Club Braunschweig im KdKF e.V.
M. Bartosch & B. Wolter, Celler Str. 97
W-3300 Braunschweig
Tel. 0531/508684

1. Käfer-Club Celle e.V.
Gerhard Neugebauer, Ernst-Meyer-Allee 19
W-3100 Celle
Tel. 05141/47997

DER Käfer Club e.V. Böblingen/Leonberg
Postfach 1237
W-7250 Leonberg

1. VW Käfer-Club Heilbronn/Neckar
Dieter Seemaier, Teichstr. 41
W-7100 Heilbronn-Böckingen
Tel. 07131/31433

VW Käfer und Käfer-Cabrio Club Herzberg
Andreas Blick, Hauptstr. 42a
W-3420 Herzberg/Harz

Käferclub Hohenlohe
Michael Behr, Zacksteige 22
W-7119 Forchtenberg-Ernsbach
Tel. 07947/7698, 07940/57248

Käferclub Homberg
Werner-Forßmann-Str. 2
W-3588 Homberg/Efze
Tel. 05681/2248

Käfer Club Köln
Hubert Averdung, Remscheider Str. 17
W-5000 Köln 91
Tel. 0221/858699, 8703878

Käferclub-Oldenburg
Andrea Delor, Rostocker Str. 42
W-2900 Oldenburg

Käfer-Club Porz am Rhein
Siegfried Lubonski, Auf dem Knöpp 46
W-5000 Köln 90
Tel. 02203/25934

Käfer & Karmann Club Rheingau e.V.
Ralph Linkhoff, Hardtstr. 3a
W-6200 Wiesbaden-Schierstein

Käfer-Club Saar
Peter Schumacher, Schachenstr. 16b
W-6646 Losheim-Niederlosheim

Hamburger Käferclub von 1988 e.V.
Fritz-Tarnow-Str. 5
W-2000 Schenefeld

Käferclub Wilhelmshaven/Friesland
Frank Blume, Johann-Lunemann-Str. 18
W-2942 Jever

1. Käfer-Club Wolfsburg e.V.
Michael Schmidt, Föhrenhorst 42
W-3180 Wolfsburg 1
Tel. 05361/31942

Käfer Freaks Ruhrtal
Georg Opalka, Rosenstr. 12
W-5860 Iserlohn 7
Tel. 02374/2919

Käfer Freunde Bergisches Land 87
Thomas Hänsel, Dachsweg 54
W-5630 Remscheid-Lüttringhausen
Tel. 02191/35783

Klub der Käfer-Freunde e.V.
Roland Backmund, Postfach 3152
W-8700 Würzburg
Tel. 0931/76979

Käfer Freunde Hamburg
Hanss Chr. Lange, Grosse Horst 7
W-2000 Hamburg 63

Käfer-Freunde Leverkusen 1986
Frank Erhart, Jägerstr. 13
W-5000 Köln 40

Käfer-Freunde Lüdenscheid
Michael Pack, Unterm Eichholz 20
W-5885 Schalksmühle 3

Käfer-Freunde Oelde
Antonius Eikenkötter, Rugenkamp 21
W-4740 Oelde-Lette
Tel. 05245/6100

Käfer-Freunde-Rottweil e.V.
Arnim von Borcke, Römerstr. 154
W-7212 Deißlingen-Lauffen
Tel. 07420/583

Käfer-Freunde Solingen e.V.
Marc Enzmann, Zwinglistr. 16
W-5650 Solingen 1
Tel. 0212/590229

Käfer-Freunde-Unter-Main
Michael Mendel, Obernburger Str. 20
W-8761 Laudenbach/Main
Tel. 09372/2576

Käfer-IG-Bremen
Postfach 610221
W-2800 Bremen 61
Tel. 0421/440645

Käfer- und Karmann-Club Rheingau e.V.
Roman Binder, Karlstr. 32
W-6200 Wiesbaden

Käferteam Hamburg
Ruth Möller, Postfach
W-2000 Hamburg 20

Käfer-Land Schweinfurt e.V. 1986
Bernd Räth, Würzburger Str. 16
W-8720 Schweinfurt
Tel. 09721/803119

Käfer Liebhaber Münsterland
Klaus-Dieter Hautmann, Stockhover Weg 71
W-4408 Dülmen

Käfer-Motorsport e.V.
Postfach 1548
W-8035 Gauting
Tel. 089/8500464

Flotte Käfer Nordwaldeck
Bernd Wetekam, Fürstenallee 19
W-3548 Arolsen
Tel. 05691/3635

Käfer-Power Mönchengladbach
Ha.Jo. Freisinger, Neuwerkerstr. 188
W-4060 Viersen

Road Runner Bugs
Thomas Classen, Postfach 52
W-4155 Grefrath

Käfer-Schutz-Verein-1989-Hardert
Klaus Muscheid, Querstr. 4
W-5455 Hardert
Tel. 02634/3441, o. 1643

VW-Käfer-Team Göppingen e.V.
Postfach 1322
W-7320 Göppingen

Käfer und Cabrio Freunde Grossheubach
Bernhard Wagenpfahl, Kapellenstr. 26
W-8766 Großheubach
Tel. 09371/7690

Vee Dub Talk
Inge Becker, Heinrichstr. 46
W-6070 Langen
Tel. 06103/1434

Luftgekühlter VW Stammtisch Bergstraße
Ulrich Hörr, Märkerwaldstr. 32
W-6140 Bensheim 5

VW Käferclub Bielefeld e.V.
Ingo Verleger, Elverdisser Str. 115 A
W-4800 Bielefeld 16
Tel. 0521/771105

Käferfreunde Hegau Bodensee
Uwe Miczuga, Rosenbergstr. 4
W-7701 Volkertshausen
Tel. 07774/6148

Käferfreunde Mühlheim am Main e.V.
Rainer Zickert, Jean-Monnet-Str. 13
W-6052 Mühlheim/Main

Käferfreunde Oberhausen
Holger Scherer, Christian Stegerstr. 2
W-4200 Oberhausen

IG Käferfreunde Ruhrgebiet
Jörg Rudat, Brucknerstr. 8
W-5800 Hagen 1

Käferfreunde Schleswig Holstein
Thomas Kühl, Ostlandstr. 27
W-2440 Oldenburg/Holstein

Käferfreunde vom Elm
Reinhard Sokoll, Am Lauinger Weg 61
W-3308 Königslutter

Käferfreunde Wiesenthal e.V.
J. Nömer, Untere Dorfstr. 34
W-7888 Rheinfelden/Baden
Tel. 07623/63047

Badenser Käferschlenzer e.V.
Armin Brunk, Elsternweg 9
W-7539 Ersingen
Tel. 07231/81813

Karman Club Deutschland
Marlis Köhne, Bagelstr. 101
W-4000 Düsseldorf 30

Karmann Ghia Club Bremen
Werner Bohlmann, Erlenweg 16
W-2805 Stuhr 1 (Heiligenrode)
Tel. 04206/1654

Karmann Ghia Club Karlsruhe e.V.
Michael Borrmann, Essenweinstr. 17
W-7500 Karlsruhe

Karmann Ghia Club Kassel e.V.
Thomas Jünemann, Steingasse 8
W-3430 Witzenhausen 1
Tel. 05542/1084

Karmann Ghia Club Südhessen
Andreas Grün, Leipziger Ring 202
W-6054 Rodgau 3
Tel. 06106/75741

Holland

Luchtgekoelde VW Club Nederland
Vogelzang 41
8141 BG Heino

VW Cabrio Club Holland
Kajuit 276
9733 CT Groningen

Dänemark

VW-Veteranen-Klub
Mosevangen 105
DK-5330 Munkebo

Schweden

Volkswagenhistoriska Klubben
Rohöllsvägen 34
18363 Täby

Svenska VW Cab Klubben
Västersländ 21
42435 Angered

Italien

Club amici del maggiolino
Via L. Cadorna 20
21020 Bodio Lomnago (Va)

England

Volkswagen Owners Club of Great Britain
78 Benson Close
Bramingham Wood
Luton, Beds.

Amerika

Vintage Volkswagen Club of America
Western Region
3917 Carol Avenue
Santa Barbara, CA 93110

Vintage Volkswagen Club of America
Eastern Region
817 5th Street
Cresson, PA 16630

Schweiz

VW Uraltkäfer-Club Schweiz
Emma-Horber-Weg 1
CH-3604 Thun

VW-Käfer-Club Seeland
R. Fuchs, Postfach 54
CH-2552 Orpund
Tel. 032/551044

Käfer-Klub-Bern
Hannes Hauser, Wankdorffeldstr. 87
CH-3014 Bern

Karmann Ghia Club Genève
Carlos Büblitz, Postfach 467
CH-1211 Genf 3

VW Karmann-Ghia Schweiz
Peter Rieser, Kurvenstr. 6
CH-8600 Dübendorf

Käfer & Buggy Freunde Ostschweiz
Postfach 2269
CH-8645 Jona

Käfer Cabriolet Club Schweiz
Ruedi Bosch, Zürcherstr. 11
CH-8640 Rapperswil
Tel. 055/277788

Belgien

Binocle Club
St. Laurentiusstraat 11
3311 Tienen

Österreich

VW Käfer Club Fürstenfeld
J. Gotthard, Altenmarkt 21
A-8280 Fürstenfeld, Steiermark
Tel. 03382/54123

VW Käfer Club Vorarlberg
M. Aberer, W. v. d. Vogelweide 13
A-6845 Hohenems

Karmann Ghia Club Austria
Erich Kodym,
A-2680 Semmering 283
Tel. 02664/8168

1. Cabrio-Club Tirol
Postfach 69
A-6026 Innsbruck

Cabriolet Club Carinthia
St. Veiter Ring 1
A-9020 Klagenfurt

Grazer Cabrio Club
Postfach 1039
A-8021 Graz

Cabrio und Oldtimer Club Frankenburg
Franz Eder jun. Erlat 22
A-4873 Frankenburg
Tel. 07683/8283

Käfers Kuriositäten

1950 fuhr Willy Bodirsky aus dem schwäbischen Esslingen mit einem Koffer voller Glas-Käfer nach Wolfsburg. Es gelang ihm und seinen Käfern bis zum damaligen Direktor des Volkswagenwerkes, Heinrich Nordhoff, vorzudringen. Und dann gab es für Willy Bodirsky kein Halten mehr. Über 30 mit Schnaps angefüllte Käfer stellte er auf den Direktionsschreibtisch.
Die Idee des Glas-Käfer-Fabrikanten: Jeder Mitarbeiter des Volkswagenwerkes sollte zu Weihnachten einen Schnaps-Käfer vom Volkswagenwerk geschenkt bekommen und jedem Käfer-Käufer sollte ein Glas-Käfer überreicht werden. Bevor Nordhoff jedoch in dieser Sache entschied, ließ er seine Rechtsabteilung rufen. Und die entdeckte auf dem Glas-Käfer des Willy Bodirsky Ungeheuerliches: In den Glas-Radkappen war das »VW«-Zeichen erhaben ausgeformt. Das durfte auf keinen Fall sein, denn schließlich sind die beiden Buchstaben als Warenzeichen geschützt.
Nordhoff konnte sich nicht dazu durchringen, den Schnaps-Käfer an seine Mitarbeiter zu verschenken. Er gab aber Willy Bodirsky einen Brief für die VW-Händler und eine Mahnung mit auf den Weg, ja keinen Käfer mehr mit dem VW-Zeichen in den Radkappen zu produzieren. Wer heute noch einen dieser Käfer mit VW-Zeichen besitzt, hat eine Rarität. Denn nachdem Willy Bodirsky aus Wolfsburg zurück war, griff er zur Feile und merzte das Zeichen aus der Stahlform aus.
1951 kam für Willy Bodirsky und seine Käfer-Flasche der wirtschaftliche Durchbruch. Nachdem nämlich die Zeitschrift für den Volkswagenfahrer »Gute Fahrt« einen kleinen Bericht über den Schnaps-Käfer veröffentlicht hatte, liefen Bestellungen aus aller Welt ein.
Für die Produktionsform zahlte Willy Bodirsky seinerzeit 8000 Mark, im Laden kostete der Glas-Käfer 4,90 Mark. Heute wird er unter Käfer-Sammlern mit 40 Mark gehandelt. Von den rund 30000 Glas-Käfern, die Willy Bodirsky produzieren ließ, gingen etwa 10000 an VW-Händler, die den Käfer als Werbegag verschenkten, die restlichen 20000 wurden über den Handel verkauft.
Schon 1952 bekam Willy Bodirsky Konkurrenz, und zwar von dem Volkswagenhändler Fleischmann aus Köln. Auch er bot plötzlich einen Glas-Käfer an, der allerdings nur etwa 12 Zentimeter lang war. Da aber Willy Bodirsky seinen Glas-Käfer rechtlich so abgesichert hatte, daß keiner ihn nachmachen beziehungsweise mit Alkohol zum Kauf anbieten durfte, blieb Fleischmann nichts anderes übrig, als seinen Käfer mit sogenannten Liebesperlen auf den Markt zu werfen.
Noch heute wird übrigens Willy Bodirsky aus aller Welt angeschrieben und um einen Schnaps-Käfer gebeten, doch besitzt er selbst nur noch ein Stück. Wenn aber jemand 30000 Käfer ordern sollte, dann würde Willy Bodirsky nochmals seine inzwischen technisch veraltete Käfer-Produktionsform entstauben.
Den Käfer in Form einer Flasche gab es schon in den vierziger Jahren, und zwar mit der Aufschrift »Grüße aus der KdF-Stadt«. Bekannt ist auch der rund 40 Zentimeter lange »Jim-Beam-Käfer« und eine kleine Parfümflasche aus den fünfziger Jahren.
Hohe Stückzahlen erreichte auch der zwischen 1971 bis 1973 von der Kosmetik-Firma »Avon« auf den Markt gebrachte Käfer, den es in verschiedenen Farben angefüllt mit Rasierwasser zu kaufen gab.
Der Verkauf von Käfer-bezogenen Artikeln hat Tradition. Schon zu einem Zeitpunkt, als es noch gar keinen Volkswagen zu kaufen gab, wurden

Käfer-Artikel angeboten, wie zum Beispiel von der Firma Hausser das lehrreiche, zeitgemäße Gesellschaftsspiel »Dein KdF-Wagen«. Oder auch eine Auto-Sparkasse, die Zehn-Pfennig-Stücke schluckte und bei einem Inhalt von fünf Mark automatisch öffnete. Das war nämlich genau jener Betrag, der zum Kauf eines Volkswagens wöchentlich mindestens angespart werden mußte.

Die Käfer-Form wurde und wird auch heute bei vielen Gebrauchsgegenständen genutzt. Ob Taschenmesser, Radiergummi, Spardose oder als Nachttopf – der Käfer erweist sich immer noch als Zugpferd für den Verkauf von mitunter recht kuriosen Einfällen. So gibt es ihn auch als Toiletten-Papierhalter, als Hausglocke oder gar als fahrbares Telefon zum Spielen. Er ziert Gläser, Silberbarren, wird von Schneegestöber umhüllt oder als Backform genutzt.

Es gibt ihn mit eingebauter Spieluhr, als Feuerzeug oder als Schreibtischset. Besonders beliebt ist er derzeit als Lampe oder als Mini-Armbanduhr. Und wer sich auch an Weihnachten nicht von seinem Käfer trennen will, kann ihn als Kugel an die Tanne hängen.

Vor allem aus Japan, Taiwan und Amerika werden fast allmonatlich neue Käfer-Produkte auf den Markt gebracht. Für Käfer-Enthusiasten ist es selbstverständlich, all diese Dinge zu besitzen. Und so glühen denn auch unter den Käfer-Fans die Drähte heiß, wenn irgendwo auf der Welt ein Hersteller wieder einen originellen Einfall in Käfer-Form hatte.

Links: Die Keramik-Käfer-Backform wird von Dr. Oetker angeboten und kostet etwa 30 Mark.

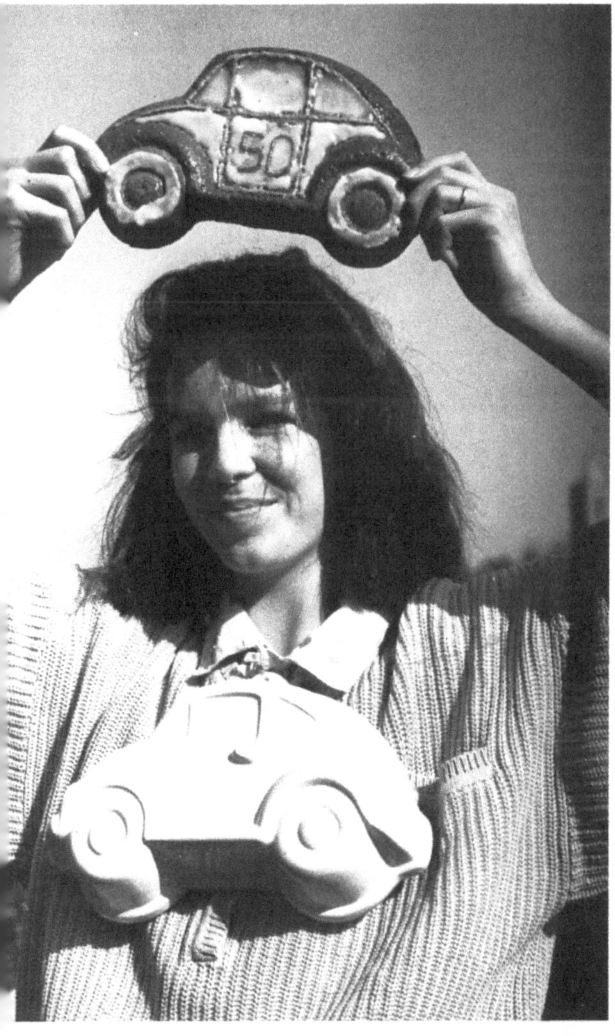

Der Keramik-Aschenbecher ist als Werbeartikel von VW verschenkt worden.

Das Käfer-Cabrio
im Schneegestöber.

Dieses Glas-Präsentationsmodell
stand 1939 auf der
Automobil-Austellung in Berlin.

Der Käfer
als Gürtelschnalle
ist noch im Handel.

Links oben: Der Käfer als Werkzeug.
Hier als Klammer-Hefter.

Rechts oben: Der Keramik-Eierbecher aus Frankreich kostet etwa 10 Mark.

Links: Beetland bietet den Käfer als Toilettenpapierhalter oder als Hausglocke zum Preis von etwa 45 Mark an.

Unten: Aus Japan kommt die Käfer-Uhr.
Zum Spielen läßt sich der Käfer vom Armband lösen.

Auch als Gebrauchsgegenstand – hier als Kerze und als Seife – fand der Käfer seine Liebhaber.

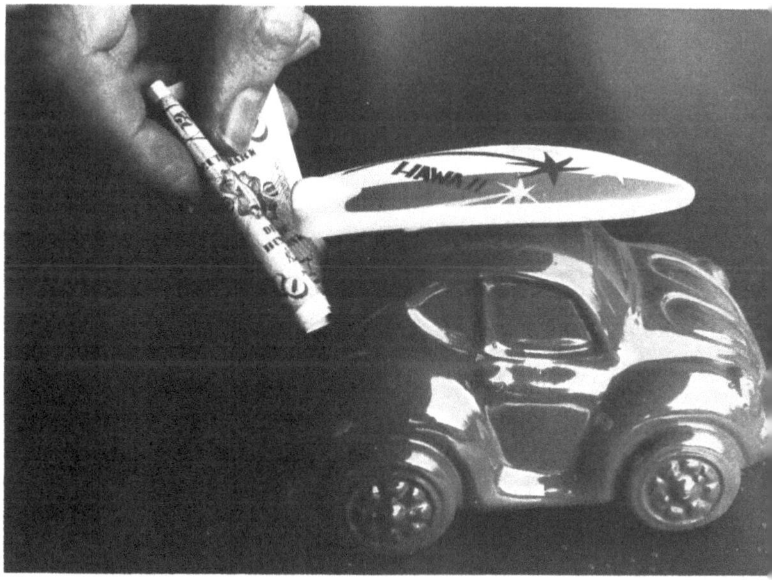

Oben: Aus Taiwan: der Käfer als Radiergummi.

Links und rechts: Diese Spardosen-Käfer, aus Keramik beziehungsweise Blech, sind noch im Handel.

Für die Haus-Ausstattung der Käfer als Blumen-Übertopf und mit Vase.

Diverse Schlüsselanhänger. Zum Teil ließen sich die Mini-Käfer zerlegen.

Feuerzeuge in unterschiedlicher Qualität und Größe.

Diese Spardose stammt aus den vierziger Jahren. Sie sollte damals die Menschen anregen, auf einen Volkswagen zu sparen.

Flaschen-Käfer aus den vierziger Jahren mit Inhalt.

Von diesem Glas-Käfer hat Willy Bodirsky rund 30000 Stück für 4,95 Mark verkauft.

Der Jim Beam-Käfer wurde mit Whisky zum Kauf angeboten.

Den Avon-Käfer aus Keramik
gab es in verschiedenen Farben.
Gefüllt war er mit Rasierwasser.

Der Käfer als Aschenbecher.

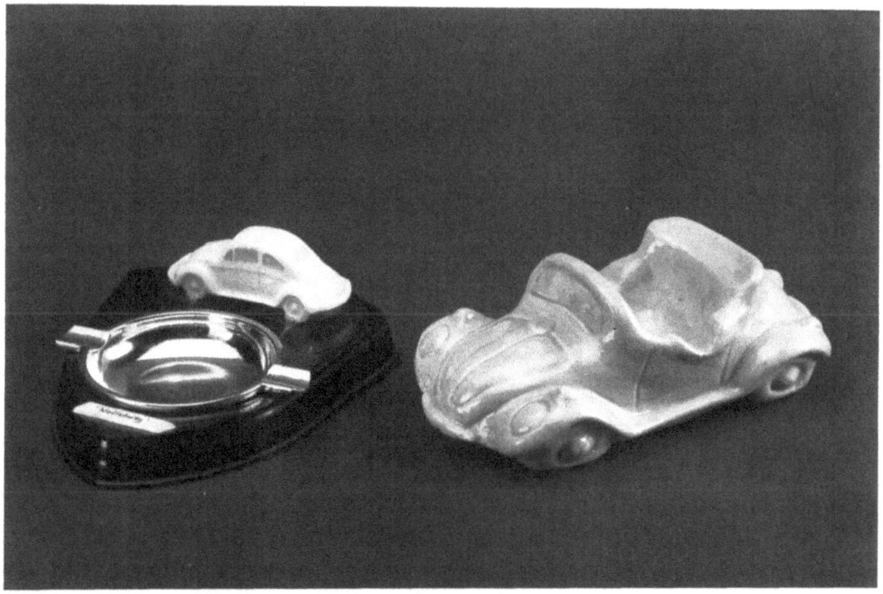

Form für Schokoladen-Käfer.

Käfer-Lampen. Aufgemalt...

Diese Stempel-Käfer stammen aus den USA.
Die Käfer-Fans schmücken damit ihre Post.

...als Neonröhre

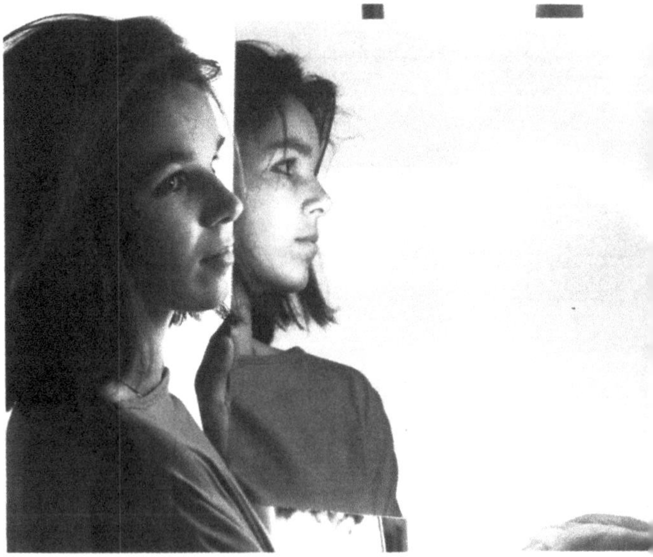

…und als Keramikkörper

Ein Musik-Käfer von Beetland
zum Preis von etwa 40 Mark.

Nachttopf von der Spielzeugfirma Chicco
zum Preis von rund 20 Mark.

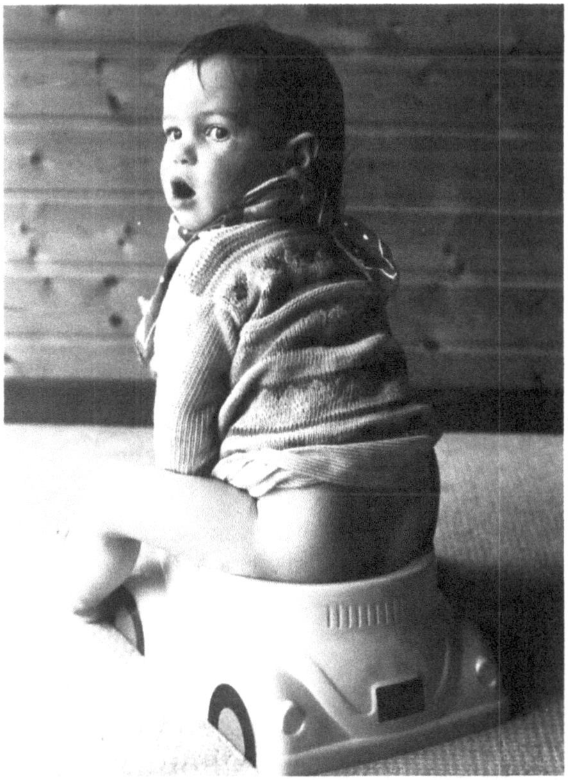

Dieser »Walkswagen« stammt aus Hongkong
und kostet rund 15 Mark.

In Ruanda schnitzen sich die Kinder ihren Käfer selbst.

Mini-Käfer mit Rasenmähermotor aus den USA.
Fahrfertig kostete der Käfer in den siebziger Jahren 1300 Mark.

Käfer in jeder Größe aus Kunststoff und mit Spielzeugfiguren als Fahrer.

Dieser Roboter-Käfer schmückt den Schreibtisch von VW-Chef Carl Hahn.
Der Roboter kommt aus Japan und kostet rund 38 Mark.

Ein Käfer-Cabrio aus Edelholz zum Preis von rund 500 Mark.

Dieser Telefon-Käfer rollt mit den Augen, wenn er gezogen wird.

»Dein Volkswagen« als Verkehrsspiel von Hausser aus den vierziger und fünfziger Jahren.

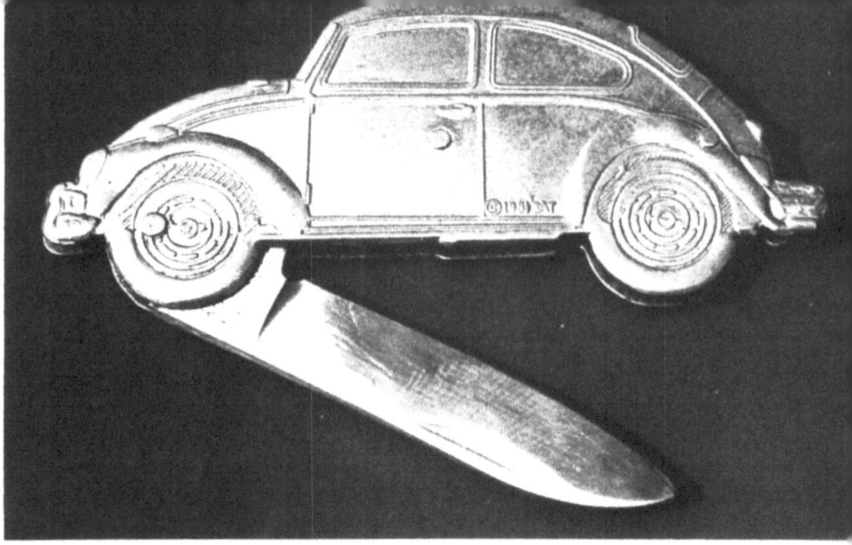

Zu den Sammler-Raritäten zählen das Taschenmesser sowie die Blechplakette, die von den Werkern des VW-Werkes in den vierziger Jahren getragen wurde – und die Käfer-Kugel als Christbaum-Schmuck. Über den Hersteller dieser Baum-Käfer ist nichts bekannt.

Auch die Banken mehren ihren Umsatz mit Hilfe des Käfers. Der Silberbarren kostet etwa 50 Mark.

Für diesen Käfer-Band haben viele nette Menschen Informationen, Fotos oder Unterlagen zur Verfügung gestellt. Bei allen möchte ich mich an dieser Stelle recht herzlich bedanken:

Chris Barber
Marco Batazzi
Dietmar Fritsche
Klaus Gottschick
Christine Grunert
Jürgen Gebhardt
Günther Hansen
Thomas Haeberle
Sabine Heck
Harald Kaiser
Klaus Lorenz
Klaus D. Moritz
Dagmar Nickel
Christine Neefe-Hansmann
John Rettie
Bärbel Rhom
Günter Skrobanek
Jürgen Schober
Katrin Sziegoleit
Michael Stremlau
Peter Voncken
Siegfried Wiener

FSC
www.fsc.org
MIX
Papier | Fördert
gute Waldnutzung
FSC® C083411

Kolibri 360 GmbH
Ferdinand-Jühlke-Straße 7
99095 Erfurt, Deutschland
produktsicherheit@kolibri360.de

Druck:
CPI Druckdienstleistungen GmbH
im Auftrag der
Kolibri 360 GmbH
Ferdinand-Jühlke-Str. 7
99095 Erfurt